高职高专药学类专业实训教材

药物制剂综合实训

主　编　徐　蓉　夏成凯

副主编　黄　平

参编人员（以姓氏笔画为序）

汤　洁（合肥职业技术学院）

张文军（安徽安科生物工程（集团）股份有限公司）

夏成凯（亳州职业技术学院）

龚道锋（亳州职业技术学院）

徐　蓉（安徽医学高等专科学校）

黄　平（安徽医学高等专科学校）

黄继红（皖西卫生职业学院）

东南大学出版社
SOUTHEAST UNIVERSITY PRESS
·南京·

图书在版编目(CIP)数据

药物制剂综合实训 / 徐蓉,夏成凯主编. —南京:东南大学出版社,2013.8

高职高专药学类专业实训教材 / 王润霞主编

ISBN 978-7-5641-4320-6

Ⅰ. ①药… Ⅱ. ①徐… ②夏… Ⅲ. ①药物—制剂—技术—高等学校—教材 Ⅳ. ①TQ460.6

中国版本图书馆 CIP 数据核字(2013)第 138955 号

药物制剂综合实训

出版发行	东南大学出版社
出 版 人	江建中
社 址	南京市四牌楼 2 号
邮 编	210096
经 销	江苏省新华书店
印 刷	南京工大印务有限公司
开 本	787 mm×1 092 mm 1/16
印 张	14.75
字 数	380 千字
版 次	2013 年 8 月第 1 版第 1 次印刷
书 号	ISBN 978-7-5641-4320-6
定 价	35.00 元

＊本社图书若有印装质量问题,请直接与营销部联系,电话:025—83791830。

高职高专药学类专业实训教材编审委员会
成 员 名 单

主 任 委 员：陈命家

副主任委员：方成武　王润霞　佘建华　程双幸

张伟群　曹元应　韦加庆　张又良

王　平　甘心红　朱道林

编委会成员：（以姓氏笔画为序）

王万荣　王甫成　刘　丽　刘　玮

刘修树　闫　波　江　勇　杨冬梅

宋海南　张宝成　范高福　郏枝花

周建庆　俞晨秀　夏成凯　徐　蓉

訾少锋　褚世居

秘 书 组：周建庆　胡中正

序

《教育部关于"十二五"职业教育教材建设的若干意见》(教职成〔2012〕9号)文中指出:"加强教材建设是提高职业教育人才培养质量的关键环节,职业教育教材是全面实施素质教育,按照德育为先、能力为重、全面发展、系统培养的要求,培养学生职业道德、职业技能、就业创业和继续学习能力的重要载体。加强教材建设是深化职业教育教学改革的有效途径,推进人才培养模式改革的重要条件,推动中高职协调发展的基础工程,对促进现代化职业教育体系建设、切实提高职业教育人才培养质量具有十分重要的作用。"按照教育部的指示精神,在安徽省教育厅的领导下,安徽省示范性高等职业技术院校合作委员会(A联盟)医药卫生类专业协作组组织全省10余所有关院校编写了《高职高专药学类实训系列教材》(共16本)和《高职高专护理类实训系列教材》(13本),旨在改革高职高专药学类专业和护理类专业人才培养模式,加强对学生实践能力和职业技能的培养,使学生毕业后能够很快地适应生产岗位和护理岗位的工作。

这两套实训教材的共同特点是:

1. 吸收了相关行业企业人员参加编写,体现行业发展要求,与职业标准和岗位要求对接,行业特点鲜明。

2. 根据生产企业典型产品的生产流程设计实验项目。每个项目的选取严格参照职业岗位标准,每个项目在实施过程中模拟职场化。护理专业实训分基础护理和专业护理,每项护理操作严格按照护理操作规程进行。

3. 每个项目以某一操作技术为核心,以基础技能和拓展技能为依托,整合教学内容,使内容编排有利于实施以项目导向为引领的实训教学改革,从而强化了学生的职业能力和自主学习能力。

4. 每本书在编写过程中,为了实现理论与实践有效地结合,使之更具有实践性,还邀请深度合作的制药公司、药物研究所、药物试验基地和具有丰富临床护理经验的行业专家参加指导和编写。

5. 这两套实训教材融合实训要求和岗位标准使之一体化，"教、学、做"相结合。在具体安排实训时，可根据各个学校的教学条件灵活采用书中体验式教学模式组织实训教学，使学生在"做中学"，在"学中做"；也可按照实训操作任务，以案例式教学模式组织教学。

成功组织出版这两套教材是我们通过编写教材促进高职教育改革、提高教学质量的一次尝试，也是安徽省高职教育分类管理和抱团发展的一项改革成果。我们相信通过这次教材的出版将会大大推动高职教育改革，提高实训质量，提高教师的实训水平。由于编写成套的实训教材是我们的首次尝试，一定存在许多不足之处，希望使用这两套实训教材的广大师生和读者给予批评指正，我们会根据读者的意见和行业发展的需要及时组织修订，不断提高教材质量。

在教材编写过程中，安徽省教育厅的领导给予了具体指导和帮助，A联盟成员各学校及其他兄弟院校、东南大学出版社都给予大力支持，在此一并表示诚挚的谢意。

安徽省示范性高等职业技术院校合作委员会

医药卫生协作组

前　言

　　《药物制剂综合实训》是安徽省 A 联盟医药卫生类专业协作组组织编写的系列实训教材之一。本教材按照教职成〔2012〕9 号文件精神,以服务为宗旨,以就业为导向,突出工学对接,遵循技能型人才成长规律,按岗位群的职业资格要求将教材内容设计及规范要点有机衔接和贯通,同时运用现代信息技术如仿真模拟及与工厂对接参观见习等多种方式,完成技能型人才实践教学的培养。本实训教材的特色有:

　　①在编写时注重药物制剂工种岗位的标准操作规程和技术安全操作规程,通过要求完成各工位的任务内容,实现培养具有根据生产工艺要求和标准操作规范完成生产任务并做好相关生产记录能力学生的目标。

　　②在任务实施的过程中,强调安全生产要求,领料、按量投料、各自制剂生产、清场等并及时填写相关记录。

　　③在本教材附录以少量的篇幅完成生产必须了解的关于设备、辅料、包装材料等相关理论介绍,在固体制剂等环节强调了辅料的添加等,在液体制剂中强调包装材料等,以期满足教学需要。

　　④知识拓展环节,强调了高职生有别于普通工人的区别,强调安全生产规范,同时引导学生思考,提高对设备的管理能力。

　　⑤本教材在考核方式上有所创新,设置了任务实施考核环节。该考核注重过程性评价,采用定量与定性相结合,提高学生的参与意识和学习积极性,实现师生对任务中知识点的掌握,技能的熟练程度、完成任务的能力等方面评估,可以提高学生的自信心和学习兴趣,师生双方在教学过程中做到有的放矢的个性化学习。

　　全书内容按 60 学时编写,含 28 个实训任务,可供全日制高职高专药学类各专业学生使用,各任务后附有思考题及操作考核标准。教材编写时注重点面结合,涉及设备面广,使用时可根据实训具体条件及需要选择,在任务实施中,细化到点,强调设备规范使用。

　　本书由徐蓉、夏成凯主编,参加编写的有(按章节顺序排列):徐蓉、李光伟、龚道锋、汤洁、黄平、黄继红、夏成凯,全书由参编者互阅、讨论、修改,最后由徐蓉通读、统稿后定稿。

　　本书编写时参考了部分已出版的教材和有关著作,从中借鉴了许多有益的内容,在此谨向有关作者和出版社表示感谢。

　　鉴于编者的水平和能力有限,虽经努力并多次修改,但书中难免存在错误和不妥之处,敬请专家和同行以及使用本教材的老师和同学们批评指正。

徐　蓉

2013 年 5 月

目 录

项目一　洁净区仿真实训

实训一　进出 B 级洁净区的更衣操作练习

实训目标

1. 掌握制药企业新版 GMP 洁净室的空气洁净度标准。
2. 掌握进出 B 级洁净区的更衣标准操作规程,保证洁净区卫生,防止污染及交叉污染。
3. 建立统一的更衣程序,规范 B 级洁净生产区人员的更衣。

实训内容

一、相关内容

新版 GMP 洁净室等级

新版 GMP 洁净室等级

GMP 一直以来都是国际通行的药品生产和质量管理必须遵循的基本准则。

表 1-1　新版 GMP 洁净室等级

洁净度级别	悬浮粒子最大允许数/m³			
	静态		动态	
	≥0.5 μm	≥5.0 μm	≥0.5 μm	≥5.0 μm
A 级	3 520	20	3 520	20
B 级	3 520	29	352 000	2 900
C 级	352 000	2 900	3 520 000	29 000
D 级	3 520 000	29 000	不作规定	不作规定

人净操作流程

进入洁净区的人员，一般的消毒灭菌流程如下(图1-1、图1-2)：

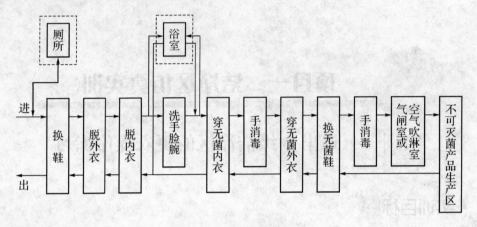

图1-1 消毒灭菌流程(1)

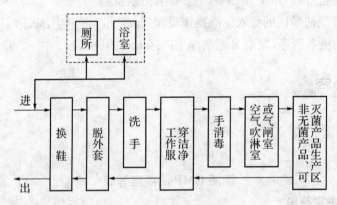

图1-2 消毒灭菌流程(2)

二、实训用物

B级洁净区的更衣标准设备。

三、实施要点

进入B级洁净区的更衣标准操作程序：

(一)一次更衣

1. 准备

(1) 进门更鞋，面对门外坐在横凳，脱去拖鞋放入横凳下规定的鞋架内。坐着转身180°，背对外门，取横凳下鞋架内自己的工作鞋，穿好工作鞋。注意不要让双脚着地(图1-3)。

图1-3

图1-4

（2）将携带物品（包、雨具等）存放于指定位置的贮柜内（图1-4）。

（3）进入缓冲间。

2. 洗手

（1）正确洗手，用手肘弯推开水开关，让水冲洗双手掌至腕上5 cm。用七步洗手法清洗：

①洗手掌：打开纯化水阀门，流动水湿润双手（图1-5）；取少许洗手液于掌心，掌心相对，手指并拢相互揉搓至泡沫。

②洗手背、侧指缝：一手心对另一手背，沿指缝相互前后揉搓；双手交换进行揉搓（图1-6）。

图1-5

图1-6

③洗掌心、侧指缝：掌心相对，双手指交叉，沿指缝相互前后揉搓。

④洗指背：弯曲各手指关节，半握拳，把指背放在另一手掌心旋转揉搓；双手交换进行旋转揉搓。

⑤洗拇指：一手握另一手大拇指，旋转揉搓；双手交换进行揉搓。

⑥洗指尖：稍弯曲手指关节，把指尖合拢放在另一手掌心旋转揉搓；双手交换进行揉搓。

⑦洗手腕：一手搭另一手腕旋转揉搓至前臂；双手交换进行旋转揉搓；完毕用纯化水冲洗干净（图1-7）。

（2）双手摩擦无滑腻感，观察确定双手清洗干净后用肘弯推关水开关。

（3）烘手器干燥：手部伸手掌至烘手机下8～10 cm处，电热烘手机自动开启，烘干双手（图1-8）。

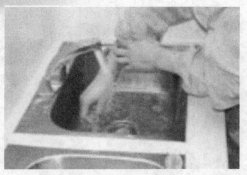

图 1-7

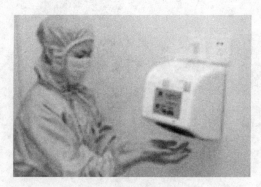

图 1-8

3. 关好缓冲间门,进入一次更衣

(1) 从标示"清场合格证"的容器中的口袋中取出自己的 C 级洁净衣,按从上到下顺序穿戴,戴内帽→穿上衣→穿下衣(配制岗位人员在上衣连体帽内佩戴口罩)(图 1-9);上衣下摆扎在下衣内,头发全部包在帽子里不得外露。

(2) 在整衣镜前确认是否有外露身体部位(图 1-10)。

图 1-9

图 1-10

(3) 进缓冲间,用无菌过滤 75% 乙醇进行手部消毒(眼镜需按相同程序消毒,图 1-11)。

(4) 自我镜前检查确认,用肘弯推开风淋室门,进入风淋室,分别面向四个方向依次风淋(图 1-12)。

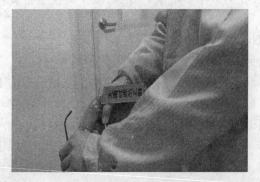

图 1-11

图 1-12

（二）进入 B 级洁净区更衣室,二次更衣

1. 穿洁净工作服　步骤：

（1）用肘弯推开房门,从标示"清场合格证"的容器中取无菌手套轻缓戴上（图 1-13）。

（2）从标示"清场合格证"的容器中取出一次性口罩戴上,注意口罩要罩住口、鼻；在头顶位置上结口罩带（图 1-14）。

图 1-13

图 1-14

（3）走到镜子前,取出无菌工作帽,对着镜子戴帽,注意把头发全部塞入帽内（图 1-15）。

（4）从标示"清场合格证"的容器中取出自己编号的无菌工作服（图 1-16）。

图 1-15

图 1-16

（5）取出洁净工作衣,穿上,拉上拉链。取出洁净工作裤,穿上,拉正（图 1-17）。

（6）戴无菌眼罩。

（7）对着镜子检查衣领是否已翻好,拉链是否已拉至喉部,帽和口罩、眼罩是否已戴正（图 1-18）。

图 1－17

图 1－18

（8）穿无菌鞋套（图 1－19）。

（9）戴橡胶手套（图 1－20）。

图 1－19

图 1－20

2. 手消毒　伸双手掌至喷雾器下，喷雾器自动开启，酒精均匀喷在双手各处，双手离开酒精喷雾器。挥动双手，让酒精挥发完（图 1－21）。

图 1－21

3. 进入洁净室　用肘弯推开洁净室门,进入洁净室,缓步进入各操作间。

（三）退出B级洁净区

1. 生产结束后,工作人员从各操作间出来,轻缓步入缓冲间,进入B级更衣室。

2. 按进入程序逆向进行,脱工作服　脱下B级洁净区工作服,按个人编号装入无菌工作服袋,放入贴挂"待清洗"标示的工作服容器内;脱下鞋套,放入指定的贴挂"待清洗"标示的放鞋套容器内。经缓冲间进入C级洁净区走廊。

（四）退出C级洁净区

1. 按进入程序逆向进行,应将待清洁工作服衣袋拿出放到"待清洁"标示的工作服收集箱内。

2. 退出C级洁净区。

各洁净区的工作服式样、标准,应按照不同的洁净度要求明显区分开,不能混用。无菌衣必须包盖全部头发、胡须及脚部,并能阻留人体的脱落物(图1-22)。

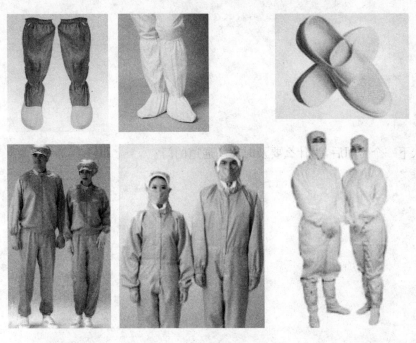

图1-22

更衣时应注意流程顺序(图1-23):

首先更换鞋子,然后才进入更衣室;

脱除污染的衣物,应该从下至上、层层脱除,如外裤—上衣—下内衣—上内衣;穿上洁净服时,应从上至下地穿上,如帽子—口罩—上衣—裤子。

无尘更衣室

风淋室

更换隔离服

风淋除尘

图 1-23

思考题

1. 更衣流程为什么要按照从上到下的原则?

2. 进入下一个房间后,为什么要及时关闭通道的门?

实训考核

【人净操作流程技能考核评价标准】

班级：　　　　　　姓名：　　　　　　学号：　　　　　　得分：

测试内容	技能要求	分值	得分
准备	雨伞等个人物品入自己的更衣柜,不佩戴首饰,换拖鞋,鞋入柜,用手推开更衣室门,进入更衣室	5	
一次更衣	正确换鞋,此操作期间注意不要让双脚着地	5	
	正确洗手,注意洗手肘弯推关水开关;让水冲洗双手掌至腕上5 cm;检查双手是否清洗干净;烘干	10	
	用肘弯推开房门	5	
	正确穿衣:穿衣顺序从上到下,要求做到将头发、胡须等相关部位遮盖,应当戴口罩。应当穿手腕处可收紧的连体服或衣裤分开的工作服,并穿适当的鞋子或鞋套。工作服应当不脱落纤维或微粒	10	
	伸双手掌至自动酒精喷雾器前,晾干	5	
	进入风淋室,正确开门,四向风淋	5	
二次更衣	用肘弯推开缓冲区门	5	
	正确穿衣,要求做到:先戴口罩以防散发飞沫,再用头罩将所有头发以及胡须等相关部位全部遮盖,头罩应当塞进衣领内;工作服应为灭菌的连体工作服,戴防护目镜,穿经灭菌或消毒的脚套,裤腿应当塞进脚套内;必要时应当戴经灭菌且无颗粒物(如滑石粉)散发的橡胶或塑料手套,袖口应当塞进手套内	15	
	手消毒,正确进入洁净区	5	
退出	进入程序逆向进行,注意物品放到"待清洁"标示的工作服收集箱内	5	
总体	整套动作轻缓,准确	10	
实训报告	完成	15	

监考教师：　　　　　　　　考核时间：

（徐　蓉　张文军）

实训二　领料岗位操作练习

1. 建立领料岗位标准操作规程，规范操作。
2. 掌握领料岗位的复核制度，正确填写岗位原始记录。
3. 通过领料岗位操作，掌握物料传递内容。

一、实训用物

仿真模拟操作或参观见习。

二、实施要点

（一）准备

1. 领取生产指令，核对所领物料是否具有产品检验合格报告单。
2. 按"生产指令"（表2-1）和"包装指令"（表2-2）填写限额领料单，并经负责人签字。

（二）领料

1. 仓库保管员按备料通知单，将所领物料备好，在每件备料包装上贴上状态标签，注明其内容，放在指定位置。

2. 领料员持领料单到仓库交于仓库保管员，并同保管员共同核对是否与备料通知单内容相符，如相符，方可进行领料，并将领料单由保管员签字后，将领料单中的存根取回。

3. 领料员核对所领物料是否贴有合格证，并核对该物料品名、批号、产地是否与检验报告单相符，并检查所备物料是否包装完好。

4. 领料人与保管员必须核对实物，领料员将所领原辅料等物料送至车间指定位置，由车间各班长点收。

5. 物料领入车间后按《进出洁净区管理规程》对外包装进行清洁。外包装清洁后的物料放在运料车上运到指定位置。

6. 发现下列问题时，领料员拒绝接收：

（1）未经检验或检验不合格的原辅料、包装材料。

（2）每件包装物上无标签或合格证等。

（3）物料已受到污染，已霉变、生虫、鼠咬等。

7. 在备料室，原辅料按《称量岗位标准操作规程》、包材按《外包装材料备料岗位标准操作规程》、《内包装材料备料岗位标准操作规程》进行操作，领、发料员双方，交接清楚并签名。

8. 物料退料时，由退料岗位负责人填写退料单，将所退物料包装好，填写好物料卡，将所退物料及退料单一同交予领料员，由领料员将物料拿到仓库，同仓库保管员一同核对无误后，保管员在退料单上签字，存根由领料员带回车间交予退料岗位负责人，由负责人填写退料记录。

9. 领料结束后立即填写领料登记台账，字迹工整。

（三）结束

1. 物料送入备料室后由工序负责人整理各项记录。

2. 操作人员按指定通道离开操作岗位，在更衣室换下工作服及劳动保护装备。

表2-1　批生产指令

文件编码：xxx-001-00

品　名		产品代码		规格	
批　号		指令编号			
批投料量					
工艺规程及编号					
指令发布人		日期			年　月　日
审核人		日期			年　月　日
指令接收部门		接收人			年　月　日
作业时间及期限	年　月　日　～　年　月　日				
所需物料清单	名称		物料代码	用量	
备注					

本指令一式三份，生产部一份，车间一份，仓库一份。

表2－2　包装指令

文件编码:xx-xxx001-01

品　名		产品代码		规格	
批　号		指令编号			
包装规格					
待包产品数量		计划产量			
工艺规程及编号					
指令发布人		日期		年　月　日	
审核人		日期		年　月　日	
批准人		日前		年　月　日	
指令接收部门		接收人		年　月　日	
作业时间及期限		年　月　日　　～　　年　月　日			
所需包材清单	名称		物料代码		用量
备注					

本指令一式四份,生产部一份,仓库一份,内包、外包岗位各一份。

知识拓展

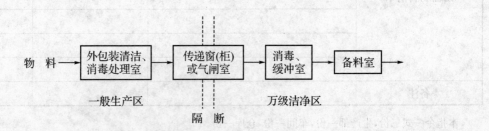

物　料 → 外包装清洁、消毒处理室 → 传递窗(柜)或气闸室 → 消毒、缓冲室 → 备料室 →

一般生产区　　　　　　　　万级洁净区

隔　断

图2－1　物料洁净传递

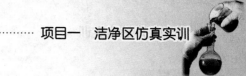

实训考核

【领料岗位操作考核评价标准】

班级：　　　　　姓名：　　　　　学号：　　　　　得分：

测试内容	技能要求	分值	得分
准备	领料员工作状态(着装、上岗证、精神面貌等)	5	
	是否领取根据"生产指令"和"包装指令"填写的限额领料单	10	
操作	领料员持备料通知单及领料单到仓库交于仓库保管员	5	
	是否核对领料单与备料通知单内容相符	10	
	是否将领料单由保管员签字后存根取回	10	
	是否检查所领物料的合格证,与检验报告单核对品名、批号、产地	10	
	领料人与保管员是否双人核对实物,物料是否合格	20	
	领料员是否将所领原辅料等物料送至车间指定位置,专人点收	5	
	外包清洁	5	
	是否填写领料登记台账	10	
结束	是否按指定通道离开操作岗位	5	
	更衣	5	

监考教师：　　　　　　　　　考核时间：

（徐　蓉　张文军）

实训三 药厂安全生产操作练习

实训目标

1. 树立安全意识,明确危险因素,采取预防措施,按 GMP 要求做到"四防"。
2. 以生产人员日常的安全事务为基础,遵守安全制度,工作中形成良好的行为准则。
3. 关注个人安全,生产才会更安全。

实训内容

一、实训用物

模拟仿真、药厂见习或讲座。

二、实施要点

(一)生产员工工作前

1. 严禁疲劳、患病、酒后上岗。

2. 不串岗、不脱岗。

3. 了解安全通道。

4. 严格按洁净区要求,正确穿戴工作服、帽,严禁佩戴首饰,头发束入工作帽。

5. 生产区里动作轻缓,特殊区域内穿安全鞋。

6. 靠近转动的设备部件时,保持衣着整齐,帽口、袖口束紧,衣摆折入裤中。

7. 如有疑问,询问主管。

(二)生产员工工作中

1. 集中精神工作,核实现场的安全措施。

2. 遵守标志和告示。

3. 遵循设备的操作程序。

4. 使用必要的安全帽、耳塞、安全眼镜、手套等安全防护品。

5. 向主管及时反映不安全状态和行为。

6. 参与主管安排的安全检查。

(三)生产员工工作后

1. 把工具放回合适的位置。

2. 按照清洁 SOP 清理机器。

3. 清理工作区。

4. 正确退出生产区。

（四）安全生产管理"三防"

1. 防止触电　保护措施有绝缘、屏护、间距、电器连锁、安装漏电保护、遵守操作规程。

2. 防电气火灾　原因有绝缘老化造成短路、线路超负荷运行、维修不善导致接头松动、电器积尘、受潮等。

3. 防范机械伤害　按要求穿戴好劳动防护用品，并将长发塞进帽子内；在没有确认机器完全停稳前，不准打开防护罩或用手触动危险部位；停机进行清扫、加油、检查和维修保护等作业时，必须挂停车牌或绝缘插，电气检修时必须挂"禁止合闸，有人工作"标志牌，谁挂谁摘。

知识拓展

安全生产就是指企事业单位在生产经营活动中，为避免造成人员伤害和财产损失的事故而采取相应的事故预防和控制措施，以保证从业人员的人身安全，保证生产经营活动得以顺利进行的相关活动。安全生产管理的方针：安全第一，预防为主！安全生产六大原则："管生产必须管安全"，"三同时"，厂、车间及班组的"三级教育"、"三不伤害"、"四不放过"、"五同时"，杜绝违章指挥、违章作业、违反劳动纪律这"三违"现象。

引发事故的基本要素，人：40%，设备、环境：40%，其他：20%。

图 3-1　引发事故的基本要素

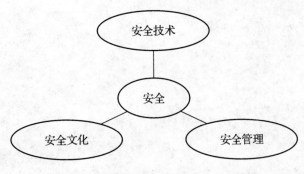

图 3-2　事故的防范与控制——3E 对策

GMP 的作用——"四防",就是最大限度地降低药品生产过程中的污染、交叉污染、混淆、差错。举例:

表 3-1　制药企业人员的 GMP 分类要求

高管:总××	顶层设计:决策、资源、建设
中管:部门经理	重要管理文件、计划、人员安排
基管:科长、车间主任	管理文件、生产安排、监管
技术人员:工艺、质量、技术	SMP、SOP、验证、新品、变更
班组长:大专	基本 SOP、记录、现场
生产工人:大专	遵守和执行 SOP、药学知识
包装工人:中学、中专	遵守和执行 SOP、设备操作

思考题

1. 安全生产事故一般是如何演变发生的?

2. 人的不安全行为和状态有哪些?

实训考核

【安全生产考核评价标准】

班级：　　　　　姓名：　　　　　学号：　　　　　　　得分：

测试内容	技能要求	分值	得分
	指出图示意义	20	
	指出图示错误	20	
	指出图示错误	20	
[设备]摇摆式制粒机。 [后果]手被夹伤,其中手部肌腱出槽难以恢复。 [经过]操作人员在机器动转时,机器出现小故障,在未关闭机器情况下,即伸入试着排除,结果手被夹伤。	指出错误	20	
[地点]口服固体制剂车间。 [设备]热风循环干燥箱。 [后果]车间部分及制药设备被烧毁,损失几百万元。 [经过]车间在烘干一物料时候,因是夜间操作工睡觉,烘干箱内物料(中药粉)自燃,造成火灾。	指出错误	20	
合　计			

监考教师：　　　　　　　　　　　考核时间：

（徐　蓉）

17

项目二 制药前处理设备操作

实训四 物料的粉碎

实训目标

1. 掌握粉碎岗位的操作方法。
2. 掌握粉碎生产工艺的管理要点及质量控制要点。
3. 掌握 WF-20B 型万能粉碎机的标准操作规程。
4. 掌握 WF-20B 型万能粉碎机清洁、保养的标准操作规程。

实训内容

一、相关知识

（一）粉碎的相关知识

1. 粉碎的含义　粉碎是指借机械力将大块固体物质碎成规定细度的操作过程，也可是借助其他方法将固体药物碎成微粉的操作。固体物料的粉碎效果常以粉碎比来表示。粉碎比即为粉碎前后固体微粒平均粒径的比值。

2. 粉碎的目的

（1）增加药物的表面积，促进药物的溶解与吸收，提高药物利用度。

（2）便于调剂和服用。

（3）加速药材中有效成分的浸出或溶出。

（4）为制备多种剂型奠定基础。

3. 常用的粉碎方法

（1）干法粉碎：将药物适当干燥后进行粉碎的方法。

（2）湿法粉碎：将药粉中加入适量的水或其他液体进行研磨粉碎的方法。湿法粉碎的目的是使水或其他液体渗入颗粒的裂隙中，减少分子间的引力以利用粉碎。对于某些刺激性强的或有毒的药物如蟾酥等,为避免粉末飞扬也采用此法。选用的液体以药料遇湿不膨胀,两者不起变化,不妨碍药效为原则。

(3) 低温粉碎:将药材冷却或在低温条件下粉碎的方法。

(4) 超微粉碎:指采用适当的设备将药物粉碎至粒径为 $75\ \mu m$ 以下的粉碎技术。经超微粉碎药粉粒径达到微米级,药物的表面积能显著增加。

4. 常用的粉碎设备 常用的粉碎设备包括万能粉碎机、球磨机、气流粉碎机等。现分别介绍其主要特点:

(1) 万能粉碎机:由机座、电机、加料斗、粉碎室、转动齿圈、固定齿盘、环状筛、出粉口等组成。工作时,物料从加料口进入粉碎室,受到转动齿圈与固定齿盘上交错排列的钢齿冲击与截切以及与内壁的碰撞而被粉碎,能通过环状筛的细粉经出粉口排出进入物料收集器。该机适用于多种干燥物料的粉碎,如结晶性物料、非组织性块状脆性物料、中药材的根茎叶等。因该类设备高速粉碎时会产热,所以不适用于含有大量挥发性成分或者黏性物料的粉碎。

(2) 球磨机:由电机、减速器、球磨罐、研磨球构成。当罐体转动时,球体呈抛物线落下产生撞击及物料与研磨球之间的研磨与挤压作用,使物料得到高度粉碎,但要注意其工作转速应为临界转速的 60%~80%。球磨机广泛用于干法、湿法粉碎,还可以对物料进行无菌粉碎。

(3) 气流粉碎机:由加料装置、粉碎室、叶轮分级器、旋风分离器、除尘器、引风机、电控系统组成。气流粉碎机是通过粉碎室内的喷嘴把压缩空气形成高速气流(300~500 m/s),使物料颗粒之间以及颗粒与器壁之间产生强烈的冲击、摩擦,达到粉碎物料的目的。在粉碎的过程中,被压缩的气流在粉碎室中膨胀产生的冷却效应与研磨产生的热相互抵消,被粉碎物料的温度几乎不升高,故适用于抗生素、酶、低熔点或其他对热敏感的物料粉碎,并在粉碎的同时就可对粉末进行分级,可得到 3~20 μm 的微粉。此类粉碎机耗能较大,为降低粉碎成本,可先将物料先粉碎成一定粒径的粗粒。操作时注意匀速加料,以免堵塞喷嘴。

5. 万能粉碎机常见的故障发生原因及排除方法 见表 4-1。

表 4-1 万能粉碎机常见故障发生原因及排除方法

常见故障	发生原因	排除方法
主轴转向相反	电源线相位连接不正确	检查并重新接线
操作中有胶臭味	皮带过松或损坏	调紧或更换皮带
钢齿、钢锤磨损严重	物料硬度过大或使用过久	更换钢锤或钢齿
粉碎时声音沉闷、卡死	加料过快或皮带松	加料速度不可过快,调紧或更换皮带
热敏性物料粉碎时声音沉闷	物料预热发生变化	用水冷式粉碎机或间歇粉碎

二、实训用物

WF-20B 型万能粉碎机、TXS 系列旋振筛、电子秤、塑料袋。

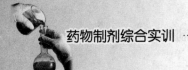

三、实施要点

（一）粉碎岗位职责

1. 进岗前按规定着装，做好操作前的一切准备工作。

2. 根据生产指令按规定程序领取原辅料，核对所粉碎物料的品名、规格、产品批号、数量、生产企业名称、物理外观等，应准确无误，粉碎产品色泽均匀、粒度符合要求。

3. 严格按工艺规程及粉碎标准操作程序进行原辅料处理。

4. 生产完毕，按规定进行物料移交，并认真填写工序记录及生产记录。

5. 工作期间，严禁串岗、脱岗，不得做与本岗位无关之事。

6. 工作结束或更换品种时，严格按照本岗位清场标准操作规程进行清场，经质监员检查合格后，挂标志牌。

7. 注意设备保养，经常检查设备运转情况，操作时发现故障应及时排除并上报。

（二）粉碎岗位操作规程

1. 生产前准备

（1）核对《清场合格证》并确定在有效期内。取下《清场合格证》状态牌，换上"正在生产"状态牌。

（2）检查粉碎机、容器及工具是否洁净、干燥，检查齿盘螺栓有无松动。

（3）检查排风除尘系统是否正常。

（4）按照《WF-20B 型万能粉碎机操作规程》进行试运行，如不正常，自己又不能排除，则通知机修人员来排除。

（5）对所需粉碎的物料，在暂存室领用时要认真复核物料卡上的内容与生产指令是否相符；检查物料中有无金属等异物混入，否则不得使用。

2. 操作

（1）开机并调节分级电机转速或进风量，使粉碎细度达到工艺要求。

（2）机器运转正常后，均匀加入被粉碎物料，不可加入物料后开机。粉碎完成后，须在粉碎机内物料全部排除后方可停机。

（3）粉碎好的物料用塑料袋做内包装，填写好的物料卡存在物料袋上，交下道工序。

3. 清场

（1）按《清场管理制度》、《容器具清洁管理制度》、《洁净区清洁规程》及《WF-20B 型万能粉碎机清洗程序》完成清场与清洗卫生。

（2）为保证清场工作质量，清场时应遵循先上后下、先外后里，一道工序完成后方可进行下道工序作业。

（3）清场后，填写清场记录，上报 QA 质监员，经 QA 质监员检查合格后挂《清场合格证》。

4. 记录　操作完工后填写批记录，见表 4-2、表 4-3。

表 4－2 粉碎工序生产记录表

品　　名		规　　格	
生产批号		重　　量	
生产车间		生产日期	

生产前准备	1. 操作间清场合格有《清场合格证》并在有效期内 □ 2. 所有设备有设备完好证 □ 3. 所有器具已清洁 □ 4. 物料有物料卡 □ 5. 挂"正在生产"状态牌 □ 6. 室内温湿度表要求,温度 18～26 ℃;相对湿度 45％～65％	温度: 相对湿度: 签名:
生产操作	1. 粉碎按《WF-20B 型万能粉碎机操作规程》操作 2. 将物料粉碎,控制加料速度,粉碎后的细料装入衬有洁净塑料袋的周转桶内,扎好袋口,填好"物料卡"备用	粉碎时间: 粉碎前重量: kg 粉碎后重量: kg 操作人

物料平衡	公式: $\dfrac{实收量＋尾料量＋残留量}{领料量} \times 100\% ＝$ 限度:98％～100％					操作人: 复核人:	
	名称	领料量	产量	尾料量	残留量	收率	物料平衡

偏差处理	有无偏差: 偏差情况及处理:

表 4－3 粉碎岗位清场记录

岗位名称		生产批号		
药品品名		清场日期		年　月　日
清场项目	清场人	检查人		QA 质监员
尾料是否清场	是□ 否□	合格□ 不合格□		合格□ 不合格□
生产废弃物是否清场	是□ 否□	合格□ 不合格□		合格□ 不合格□
厂房是否清洁	是□ 否□	合格□ 不合格□		合格□ 不合格□
设备是否清洁	是□ 否□	合格□ 不合格□		合格□ 不合格□
容器具、工器具是否清洁	是□ 否□	合格□ 不合格□		合格□ 不合格□
中间产品是否按规定放置	是□ 否□	合格□ 不合格□		合格□ 不合格□
工艺文件是否清离	是□ 否□	合格□ 不合格□		合格□ 不合格□
地漏、排水沟是否清洁	是□ 否□	合格□ 不合格□		合格□ 不合格□
本次批生产标志是否清场	是□ 否□	合格□ 不合格□		合格□ 不合格□
清洁工具是否清洁	是□ 否□	合格□ 不合格□		合格□ 不合格□
检查结果	检查合格发放清场合格证,清场合格证粘贴在本记录背面			
验收人签字	清场人: 检查人: 检查时间: 时 分 QA 质监员: 复查时间: 时 分			
备注:				

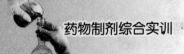

（三）工艺管理要点

1. 物料严禁混有金属物。

2. 物料含水分不应超过 5%。

3. 调节筛板与内腔的间隙控制出料的粒度。

（四）质量控制要点

异物、粒度。

（五）WF-20B 型万能粉碎机操作规程

文件名称：WF-20B 型万能粉碎机操作规程				共　　页
				第　　页

文件编码：	分发部门：	替代：	修订号：
		新订：	执行日期：
起草人：	部门审阅：	QA 审核：	批准人：
日　期：	日　　期：	日　　期：	日　　期：

目的：建立 WF-20B 型万能粉碎机标准操作程序。

范围：NS-I 型浓缩丸（水丸）制丸机使用岗位。

责任者：制丸岗位操作者。

1. 准备工作

（1）检查设备电、水路，防止接触，检查电线是否老化。

（2）检查设备部件、刀片、紧固螺丝是否紧固可靠，刀片间隙是否合理。

（3）打开粉碎机门盖，检查筛孔是否堵塞，如有堵塞现象，须用缝衣针或钢丝穿通，锈渍严重的需更换，检查设备的其他部件是否正常、可靠。

（4）认真检查工房及设备容器等的清洁状况，检查清场合格证，核对其有效期，取下标示牌，挂上生产标志牌于指定位置，按生产指令填写工作状态。

（5）根据生产指令，接收待加工物料，由本岗操作人员与管理员进行核对物料名称、批号、数量、规格、外包装的完整情况。

2. 操作过程

（1）核对数量，并去皮倒入洁净的生产容器内，称皮重，计算净重，并予以登记。

（2）根据生产指令用 WF 型高速万能粉碎机进粉碎操作；操作前先用 75%乙醇擦拭粉碎机内部，达到消毒作用。

（3）在设备的出料口处，将集粉袋扎紧并系牢固。

（4）先开冷却水，再按启动钮，使粉碎机空机运转正常后（约 10 秒钟），均匀进灶，连续工作。

（5）出料前，让设备空运转 2～3 分钟，按停车钮，再关冷却水，使粉碎机完全停止后再出料。

3. 结束过程

（1）将加工后的原料称重，填写粉碎专用单，桶内、外各挂一张，并扎紧袋口，盖好桶盖，移送净料库的待验区。

（2）先断粉碎机电源，清除机内的余料，用饮用水冲洗干净、擦干。

（3）及时做好各项生产记录，取下生产标示牌，挂上设备状态标示牌。

4. 清洁程序

（1）设备的清洗按各设备清洗程序操作，清洗前必须首先切断电源。

（2）每班使用完毕后，必须彻底清理干净料斗、机腔和捕集袋内的物料，并将机腔、筛网和活动固定齿清洗干净。

（3）凡能用水冲洗的设备，能拆下的零部件应拆下，可用高压水枪冲洗，先用饮用水冲洗至无污水，然后再用纯化水冲洗两次。

（4）不能直接用水冲洗的设备，先扫除设备表面的积尘，凡是直接接触药物的部位可用纯水浸湿抹布擦净，能拆下的零部件应拆下擦净，其他部位用一次性抹布擦干净，最后用 75％乙醇擦拭晾干。

（5）凡能在清洗间清洗的零部件和能移动的小型设备尽可能在清洗间清洗烘干。

（6）工具、容器的清洗一律在清洗间清洗，先用饮用水清洗干净，再用纯化水清洗两次，移至烘箱烘干。

（7）门、窗、墙壁、风管等先用干抹布擦抹掉表面灰尘，再用饮用水浸湿抹布擦抹干净。

（8）凡是设有地漏的工作室，地面用饮用水冲洗干净，无地漏的工作室用拖把抹擦干净（洁净区用洁净区的专用拖把）。

（9）清场后，填写清场记录，上报 QA 质监员，检查合格证后挂《清场合格证》。

知识拓展

安全生产要点

1. 加料时应先少量，逐步加大到可行的最大量，根据不同物料和细度要求进行调节控制。

2. 控制进料速度，进料过快，粉碎室内积聚物料多，使电机负载电流增加过快，当超过设定的电机电流时，振动送料器即自动停止送料，进料速度过慢时，则粉碎机效率降低，一般将进料速度调整到不频繁启闭，达到均匀连续进料，用粉碎电机电流保持接近额定电流为宜。

3. 通过进料与出料数量对物料平衡进行复核，如有异常，应及时复查。

4. 粉碎机应安装在干燥、无潮湿地方，地面要坚实平整，不准有震动、摇晃。

5. 在接电源与试机前要检查各螺栓是否固牢，各零部件有否损坏。

6. 在停机较长时间后，再开机时，应检查机器是否正常。

1. 为什么万能粉碎机必须空转一段时间再投料进行粉碎?

2. 粉碎机轴转向不正确通常是什么原因造成的?

3. 皮带过松如何检查和排除?

4. 粉碎操作中设备运行声音沉闷是什么原因造成的？如何处理？

实训考核

【粉碎设备技能考核评价标准】

班级： 姓名： 学号： 得分：

测试内容	技能要求	分值	得分
实训准备	1. 着装整洁，卫生习惯好 2. 检查核实清场情况，检查清场合格证 3. 对设备状况进行检查 4. 对称量器具进行检查 5. 对生产用具的清洁状态进行检查	20	
实训记录	正确、及时记录实验的现象、数据	10	
实训操作	1. 按操作规程进行粉碎操作 2. 按正确步骤将粉碎后物料进行收集 3. 粉碎完毕按正确步骤关闭机器	40	
成品质量	1. 粉碎后物料色泽均一、粒度均匀 2. 粒度符合规定要求	10	
清场	按要求清洁仪器设备、单元操作间，交接好所用物料、工具及产品	10	
实训报告	实训报告工整、完整、真实、准确，并能针对结果进行分析讨论	10	
合　计		100	

监考教师： 考核时间：

（龚道锋）

25

实训五 物料的筛分

实训目标

1. 掌握筛分岗位的操作方法。
2. 掌握筛分生产工艺的管理要点及质量控制要点。
3. 掌握 TXS 旋振筛的标准操作规程。
4. 掌握 TXS 旋振筛的清洁、保养的标准操作规程。

实训内容

一、相关知识

1. 筛分的含义　筛分是指将物料通过网孔状工具将粒度不均匀的颗粒分离成两种或两种以上的不同粒径大小的颗粒操作过程。

2. 筛分的目的

(1) 筛除粗粒或细粉,整粒,粉末分级。

(2) 满足制剂的需要。

(3) 丸剂大小分档。

3.《中国药典》标准筛　《中国药典》所用的药筛是国家标准的 R40/3 系列,共为九种筛号,一号至九号筛孔粒径依次减小。以每英寸(2.54 cm)筛网长度上网孔数作为筛号的名称,用"目"表示。详见下表 5 - 1。

表 5 - 1 《中国药典》筛号与筛孔内径对照表

筛　号	筛孔内径/μm	筛目
一号筛	2 000±70	10
二号筛	850±29	24
三号筛	355±13	50
四号筛	250±9.9	65
五号筛	180±7.6	80

续表 5-1

筛 号	筛孔内径/μm	筛目
六号筛	150±6.6	100
七号筛	125±5.8	120
八号筛	90±4.6	150
九号筛	75±4.1	200

为了便于区别固体粒子的大小,现行版《中国药典》规定把固体粉末分为六级。详见表 5-2。

表 5-2 粉末分级标准

等 级	分级标准
最粗粉	指能全部通过一号筛,但混有能通过三号筛不超过 20% 的粉末
粗 粉	指能全部通过二号筛,但混有能通过四号筛不超过 40% 的粉末
中 粉	指能全部通过四号筛,但混有能通过五号筛不超过 60% 的粉末
细 粉	指能全部通过五号筛,并含能通过六号筛不少于 95% 的粉末
最细粉	指能全部通过六号筛,并含能通过七号筛不少于 95% 的粉末
极细粉	指能全部通过八号筛,并含能通过九号筛不少于 95% 的粉末

4. 常用筛分设备

(1)摇动筛:由筛网、偏心轮、连杆、摇杆筛框等组成。工作时,偏心轮通过连杆使筛网做往复运动,分离出颗粒与细粉。

(2)旋振筛:由粗料出口、电动机、筛网、上部重锤、下部重锤、弹簧、出料口组成。工作时,由电机所带动振子的上下两端偏心重锤产生激振,可调节的偏心重锤经电动机驱动传送到主轴中心线,在不平衡状态下产生离心力,使物料强制改变在筛内形成轨道漩涡,使筛及物料在水平、垂直、倾斜方向三次运动,将粗细粉分离。

5. 常见故障发生原因及排除方法 见表 5-3。

表 5-3 旋振筛常见故障发生原因及排除方法

常见故障	发生原因	排除方法
物料粒度不均匀	筛网安装不密闭,有缝隙	检查并重新安装
设备不抖动	偏心失效,润滑失效或轴承失效	检查润滑,维修更换

二、实训用物

TXS 系列旋振筛、电子秤、塑料袋。

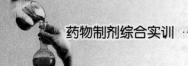

三、岗位文件

（一）筛分岗位职责

1. 进岗前按规定着装，做好操作前的一切准备工作。

2. 根据生产指令按规定程序领取原辅料，核对所粉碎物料的品名、规格、产品批号、数量、生产企业名称、物理外观等，应准确无误，粉碎产品色泽均匀、粒度符合要求。

3. 严格按工艺规程及粉碎标准操作程序进行原辅料处理。

4. 生产完毕，按规定进行物料移交，并认真填写工序记录及生产记录。

5. 工作期间，严禁串岗、脱岗，不得做与本岗位无关之事。

6. 工作结束或更换品种时，严格按照本岗位清场标准操作规程进行清场，经质监员检查合格后，挂标志牌。

7. 注意设备保养，经常检查设备运转情况，操作时发现故障及时排除并上报。

（二）筛分岗位操作规程

1. 生产前准备

（1）核对《清场合格证》并确定在有效期内。取下《清场合格证》状态牌换上"正在生产"状态牌，开启除尘风机 10 分钟，当温度在 18～26 ℃、相对湿度在 45%～65% 范围内，方可投料生产。

（2）检查旋振筛分机、容器及工具应洁净、干燥，设备性能正常。

（3）检查筛网是否清洁干净，是否与生产指令要求相符，必要时用 75% 乙醇擦拭消毒。

（4）按《TXS 旋振筛操作规程》进行试运行，如不正常，自己又不能排除，则通知机修人员来排除。

（5）对所需过筛的物料，在暂存室领用时要认真复核物料卡上的内容与生产指令是否相符。

2. 筛分操作

（1）按《TXS 旋振筛操作规程》安装好筛网，连接好接受布袋，安装完毕应检查密封性，并开动设备运行。

（2）启动设备空转运行，声音正常后，均匀加入被过筛物料，进行筛分生产。

（3）已过筛的物料盛装于洁净的容器中密封，交中间站，并称量、贴签，填写请验单，由化验室检测，没见容器均应附有物料状态标记，注明品名、批号、数量、日期、操作人等。

（4）运行过程中用听、看等办法判断设备性能是否正常，一般故障自己排除。自己不能排除的通知维修人员维修后方可使用。筛好的物料用塑料袋作内包装，填写好物料卡存在塑料袋上，交下道工序。

3. 清场

（1）按《清场管理制度》、《容器具清洁管理制度》、《洁净区清洁规程及》、《TXS 旋振筛操作规程》搞好清场和清洁卫生。

（2）为保证清场工作质量，清场时应遵循先上后下、先外后里，一道工序完成后方可进行下道工序作业。

（3）清场后，填写清场记录，上报 QA 质监员，经 QA 质监员检查合格后挂清场合格证。

4. 记录　操作完工后填写原始记录、批记录。见表 5-4、表 5-5。

表 5-4　粉碎工序生产记录表

品　名		规　格	
生产批号		重　量	
生产车间		生产日期	

<table>
<tr><td rowspan="6">生产前准备</td><td rowspan="6">1. 操作间清场合格有《清场合格证》并在有效期内
2. 对设备状况进行检查
3. 所有器具已清洁
4. 物料有物料卡
5. 挂"正在生产"状态牌
6. 室内温湿度表要求，温度 18~26 ℃；相对湿度 45%~65%</td><td>□
□
□
□
□

温　度：　　相对湿度：
签　名：</td></tr>
</table>

生产操作	1. 粉碎按《TXS 旋振筛操作规程》操作 2. 将物料粉碎，控制加料速度，粉碎后的细粉装入衬有洁净塑料袋的周转桶内，扎好袋口，填好"物料卡"备用	粉碎时间： 粉碎前重量：　　kg 粉碎后重量：　　kg 操作人

物料平衡	公式：$\dfrac{细粉量+粗粉量}{领料量}\times100\%=$ 限度：98%~100%	操作人： 复核人：

名称	领料量	细粉量	粗粉量	收率	物料平衡	

偏差处理	有无偏差： 偏差情况及处理： 　　　　　　　　　　　　　　　　QA 质监员签名：

表 5-5　筛分岗位清场记录

岗位名称		生产批号	
药品品名		清场日期	年　月　日
清场项目	清场人	检查人	QA 质监员
尾料是否清场	是□　否□	合格□　不合格□	合格□　不合格□
生产废弃物是否清场	是□　否□	合格□　不合格□	合格□　不合格□
厂房是否清洁	是□　否□	合格□　不合格□	合格□　不合格□
设备是否清洁	是□　否□	合格□　不合格□	合格□　不合格□
容器具、工器具是否清洁	是□　否□	合格□　不合格□	合格□　不合格□
中间产品是否按规定放置	是□　否□	合格□　不合格□	合格□　不合格□
工艺文件是否清离	是□　否□	合格□　不合格□	合格□　不合格□
地漏、排水沟是否清洁	是□　否□	合格□　不合格□	合格□　不合格□
本次批生产标志是否清场	是□　否□	合格□　不合格□	合格□　不合格□
清洁工具是否清洁	是□　否□	合格□　不合格□	合格□　不合格□
检查结果	检查合格发放清场合格证,清场合格证黏贴在本记录背面		
验收人签字	清场人:		
	检查人:	检查时间:　　　时　　　分	
	QA 质监员:	复查时间:　　　时　　　分	
备注:			

（三）工艺管理要点

（1）筛分操作间必须保持干燥,室内呈负压,需有捕尘装置。

（2）筛分设备可用清洁布擦拭,筛可用水清洁。

（3）筛分过程随时注意设备声音。

（4）生产过程所有物料均应有标示,防止发生混药、混批。

（四）质量控制关键点

粒度。

（五）TXS 旋振筛标准操作规程

1. 开机前的准备工作

（1）操作检查间清场合格有清场合格证并在有效期内。

（2）检查设备水、电、物料管线是否连接,防止泄露与错接,将生产现场周围无关物料及与生产无关的东西清走。

（3）根据生产指令,填写生产标示牌状态,写上产品名称及签名签日期。

2. 开机运行

（1）先开机空转启动、运转、通车一次，看有无异常现象和声音，停车共振时，筛机是否跳离弹簧。

（2）检查筛机的运转是否平稳，并注意振动电机的温度情况，温度不得超过 70 ℃。

（3）按下开关按钮，开启设备，开始加料，运转时给料要均匀，使物料均匀布于筛面，如有物料跑偏现象，应调整给料点、支撑装置或弹簧、振动电机的激振力。

（4）运转中应经常检查电机，激振器轴承温度，测听筛子有无异响，观察筛子的振动情况，振幅是否在规定范围内。如果发现异常情况，应停机处理。

（5）筛机停车时应停止给料，待筛面上物料全部干净后再停车，停车后要及时清理滞留在筛面的异物

（6）卸料后，按《旋振筛清洁操作程序》对现场和设备进行卫生清洁，然后认真填写各项生产记录，并更新设备状态标志。

3. 清洁程序

（1）设备的清洗按各设备清洗程序操作，清洗前必须首先切断电源。

（2）每班使用完毕后，必须彻底清理料斗、机腔和捕集袋内的物料，并清洗干净机腔、筛网和活动固定齿。

（3）凡能用水冲洗的设备，可用高压水枪冲洗，先用饮用水冲洗至无污水，然后再用纯化水冲洗两次。

（4）不能直接用水冲洗的设备，先扫除设备表面的积尘，凡是直接接触药物的部位可用纯水浸湿抹布直至干净，能拆下的零部件应拆下，其他部位用一次性抹布擦干净，最后用 75％乙醇擦拭晾干。

（5）凡能在清洗间清洗的零部件和能移动的小型设备尽可能在清洗间清洗烘干。

（6）工具、容器的清洗一律在清洗间清洗，先用饮用水清洗干净，再用纯化水清洗两次，移至烘箱烘干。

（7）门、窗、墙壁、风管等先用干抹布擦抹掉表面灰尘，再用饮用水浸湿抹布擦抹，直到干净。

（8）凡是设有地漏的工作室，地面用饮用水冲洗干净，无地漏的工作室用拖把抹擦干净（洁净区用洁净区的专用拖把）。

（9）清场后，填写清场记录，上报 QA 质监员，检查合格证后挂清场合格证。

安全生产要点

1. 定期检查所有外露螺栓、螺母，并拧紧。

2. 发现异常声响或其他不良现象，应立即停机检查。

3. 设备的密封胶垫如有损坏、漏粉时，应及时更换。

4. 保证设备机器各部件完好可靠，设备外表及内部应洁净，无污物聚集。

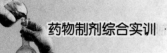

5. 各润滑油杯和油嘴应每班加润滑油和润油脂。

6. 操作前检查筛网是否完好、是否变形,维修正常后方可生产。

 思考题

1. 请说明旋振筛的基本工作原理。

2. 如在操作的工程中有粉尘溢出,会是什么原因,应如何修理?

 **实训考核**

【筛分设备技能考核评价标准】

班级:　　　　　姓名:　　　　　学号:　　　　　得分:

测试内容	技能要求	分值	得分
实训准备	1. 着装整洁,卫生习惯好 2. 检查核实清场情况,检查清场合格证 3. 对设备状况进行检查 4. 对称量器具进行检查 5. 对生产用具的清洁状态进行检查	20	
实训记录	1. 正确、及时记录实验的现象、数据 2. 按要求填写生产与清场记录	10	
实训操作	1. 按操作规程进行筛分操作 2. 按正确步骤将筛分后物料进行收集 3. 筛分完毕按正确步骤关闭机器	40	
成品质量	1. 筛分后物料色泽均一、粒度均匀 2. 粒度符合规定要求	10	
清场	按要求清洁仪器设备、单元操作间,交接好所用物料、工具及产品	10	
实训报告	实训报告工整、完整、真实、准确,并能针对结果进行分析讨论	10	
合　计		100	

监考教师:　　　　　　　　　　考核时间:

（龚道锋）

实训六 混合设备

实训目标

1. 掌握混合设备的岗位操作规程。
2. 掌握混合设备操作的目的与质量控制要点。
3. 掌握 WF-20B 型万能粉碎机的清洁、保养的标准操作规程。

实训内容

一、相关知识

混合是指将两种或两种以上固体药物粉末相互均匀分散的过程。其目的是使药物混合粉末中各组分含量均匀一致。混合均匀与否将直接影响到制剂的外观、内在质量,尤其是含有毒性成分且不同组分剂量相差悬殊的药物,混合不均匀将引起制剂的安全性和有效性的变化,甚至发生危险,因此混合对于制剂的制备与生产至关重要。

(一)混合方法

1. **搅拌混合** 不同组分的药物粉末采用人工或者搅拌混合机反复搅拌混合均匀。适用于剂量、色泽与质地相近的不同组分药物粉末的混合。

2. **研磨混合** 不同组分的药物粉末置于混合器中一同研磨至混合均匀。较适宜于结晶性药物粉末的混合,而对于吸湿性、氧化还原性药物则不适用。

3. **过筛混合** 不同组分的药物粉末一同反复过筛至混合均匀。对于质地相差较大的不同组分药物粉末,采用该法难以混合均匀,通常需配合其他混合方法。

对于不同组分,剂量相差悬殊的配方,可将组分中剂量小的粉末与等剂量的剂量较大的药物粉末一同置于适当的混合器械内,混合均匀后再加入与混合物等量的量大组分同法混匀,如此反复,直至组分药物粉末混合均匀。

对于不同组分,色泽或质地相差悬殊的配方,可将量少、色深或质轻的粉末放置于混合容器中作为底料(打底),再将量多、色深或质重的药物粉末分次加入。混合时通常先将用量大组分饱和混合器械,以减少量小的药物组分在混合器械中因吸附造成相对较大的损失。

(二)混合设备

1. **槽型搅拌混合机** 槽型搅拌混合机由混合槽、搅拌桨和驱动装置组成。工作时,搅拌桨使物料不停地在上下、左右、内外各方向搅动,从而达到均匀混合。该机结构简单,操作维修方

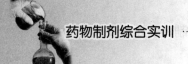

便,混合槽可以绕水平轴转动,便于卸料,但混合效率低,混合时间较长,如果粉粒密度相差较大时,密度大的粉粒易沉积于底部,故仅适用于密度相近的物料混合,也可用于造粒前的捏合。

2. 三维运动混合机 三维运动混合机由机座、传送系统、电机控制系统、多向运动机构及混合筒等部件构成。工作时,混合筒在多向运动机构的作用下做多方向运转的复合运动,物料无离心作用,也无比重偏析、分层、积聚等现象,混合率达 99.9％ 以上。该机筒体装料率可达 80％,混合时间短,混合效率高,筒体各处均为圆弧过渡,具有易出料、不积料、易清洗等优点。

二、实训用物

槽型混合机。

三、实施要点

（一）混合岗位职责

1. 严格执行《混合岗位操作法》、《混合设备标准操作规程》。

2. 进岗前按照规定着装,做好操作前的一切准备工作。

3. 根据生产指令按规定程序领取原辅料,核对所混合物料的品名、规格、产品批号、数量、生产企业名称、物理外观、检验合格等,应准确无误,混合产品应均匀,符合要求。

4. 自觉遵守工艺纪律,保证混合岗位不发生差错和污染。发现问题应及时上报。

5. 严格按工艺规程及混合标准操作程序进行原辅料处理。

6. 生产完毕,按规定进行物料移交,并认真填写工序记录及生产记录。

7. 工作期间严禁串岗、离岗,不得做与本岗位无关之事。

8. 工作结束或更换品种时,严格按本岗位清场标准操作规程进行清场,经质监员检查合格后,挂标志牌。

9. 注意设备保养,经常检查设备运转情况,操作时发现故障及时排除并上报。

（二）混合岗位操作规程

1. 生产前准备

（1）检查操作间、工具、容器、设备等是否有清场合格标志,并核对是否在有效期内。否则按照清场标准程序进行清场并经质监人员检查后,填写清场合格证,进行本操作。

（2）根据要求选择适宜混合设备,设备要有"合格"标牌、"已清洁"标牌,并对设备状况进行检查,确证设备正常,方可使用。

（3）根据生产指令填写领料单,并向中间站领取物料,并核对品名、批号、规格、数量、质量无误后,进行下一步操作。

（4）按《混合设备消毒规程》对设备及所需容器、工具进行消毒。

（5）挂本次运行状态标志牌,进入操作。

2. 混合操作

（1）湿法制粒混合:根据所需要用量,称取相应的黏合剂、溶剂（两人核对）,并将溶剂置配置锅内。

（2）将黏合剂加入溶剂内，搅拌溶剂，混匀，保存备用。

（3）启动设备空转运行，声音正常后停机，加料，进行混合操作。

（4）混合机必须保证混合运行足够的时间。

（5）已混合完毕的物料盛装于洁净的容器中密闭，交中间站，并称量、贴签，填写请验单，由化验室检测，每件容器均应附有物料状态标记，注明品名、批号、数量、日期、操作人等。

（6）运行过程中用听、看等办法判断设备性能是否正常，一般故障自己排除，自己不能排除的，通知机修人员维修正常后方可使用。

3. 清场

（1）将生产所剩物料收集，标明状态，交中间站，并填写好记录。

（2）按《混合设备清洁操作规程》、《场地清洁操作规程》对设备、场地、用具、容器进行清洁消毒，经质监员检查合格后，发清场合格证。

4. 记录　及时如实填写生产操作记录（见表6－1、表6－2）。

表6－1　混合工序生产记录表

品　　名		规　　格	
生产批号		重　　量	
生产车间		生产日期	
生产前准备	1. 操作间清场合格有清场合格证并在有效期内 2. 对设备状况进行检查 3. 所有器具已清洁 4. 物料有物料卡 5. 挂"正在生产"状态牌 6. 室内温湿度表要求：温度18～26 ℃；相对湿度45％～65％	☐ ☐ ☐ ☐ ☐ 温　　度：　　　　相对湿度： 签　　名：	

混 合	混合机编号：		混合时间：　　：　　到　　：	
	物料	名　称	用量/kg	名　称	用 量/kg
	混合物				
	桶号				
	净重/kg				
	桶号				
	净重/kg				
	总桶数		操作人		复核人	

表6-2 混合岗位清场记录

岗位名称		生产批号	
药品品名		清场日期	年 月 日
清场项目	清场人	检查人	QA质监员
尾料是否清场	是□ 否□	合格□ 不合格□	合格□ 不合格□
生产废弃物是否清场	是□ 否□	合格□ 不合格□	合格□ 不合格□
厂房是否清洁	是□ 否□	合格□ 不合格□	合格□ 不合格□
设备是否清洁	是□ 否□	合格□ 不合格□	合格□ 不合格□
容器具、工器具是否清洁	是□ 否□	合格□ 不合格□	合格□ 不合格□
中间产品是否按规定放置	是□ 否□	合格□ 不合格□	合格□ 不合格□
工艺文件是否清离	是□ 否□	合格□ 不合格□	合格□ 不合格□
地漏、排水沟是否清洁	是□ 否□	合格□ 不合格□	合格□ 不合格□
本次批生产标志是否清场	是□ 否□	合格□ 不合格□	合格□ 不合格□
清洁工具是否清洁	是□ 否□	合格□ 不合格□	合格□ 不合格□
检查结果	检查合格发放清场合格证,清场合格证黏贴在本记录背面		
验收人签字	清场人:		
	检查人:	检查时间: 时 分	
	QA质监员:	复查时间: 时 分	
备注:			

（三）槽型混合机操作规程

1. 开机前的准备工作

（1）开机时,空载启动电机,观察电机运转正常,停机开始工作。

（2）将称量好的原辅料装入原料容器,将黏合剂过滤后装入小车盛液桶内。

（3）加料完毕后,盖上盖。

2. 开机运行 操作过程中,必须调整好物料沸腾状态和黏合剂雾化状态,严格控制喷速、加浆量、制粒时间、成粒率、干燥温度和干燥时间,使制出颗粒符合规定指标。

（1）根据工艺调整好时间继电器。

（2）严格按规定的程序操作,开机运行混合。

（3）混合机到设定的时间会自动停机,若出料口位置不理想,可点动开机,将出料口调到最佳位置,切断电源,方可开始出料操作。

（4）出料时打开出料阀即可出料。

（5）出料时应控制出料速度,以便控制粉尘及物料损失。

3. 清洁规程

（1）向槽型混合机中注入约 1/3 体积的饮用水，用丝光毛巾将混合机内表面积及搅拌桨表面附着的可见药品清洗干净，开动搅拌桨数次，将搅拌桨死角处药品附着物清洗干净，用清洁球擦拭干净不易清洗的附着物，并用丝光毛巾将混合机内表面全面擦拭一遍，倾出洗涤水，设备外表面用丝光毛巾、饮用水擦拭干净。

（2）向槽型混合机中注入约 1/3 体积的纯化水，用丝光毛巾将混合机内表面及搅拌桨表面全面擦拭一遍，然后倾出洗涤水，用拧干的丝光毛巾抹干，最后用 75% 的乙醇擦拭一遍设备内表面。

（3）内外表面清洗用清洁工具及清洗剂分开使用。

（4）挂上清洁状态标志并填写记录。

安全生产要点

1. 设备运转时，若出现异常振动和声音，应停机检查，并通知维修工。

2. 定期检查机器润滑油是否充足，外漏螺栓、螺母是否拧紧。

3. 操作时应盖好机盖，不得将手或工具伸入槽内或者机器上方传递物件。

4. 用手伸入槽内出料或清场时，应关掉电源。

 思考题

1. 剂量相差悬殊的物料应如何混合？

2. 槽式混合机混合时应注意的问题有哪些？

【混合设备技能考核评价标准】

班级：　　　　　姓名：　　　　　学号：　　　　　得分：

测试内容	技能要求	分值	得分
实训准备	1. 着装整洁,卫生习惯好 2. 检查核实清场情况,检查清场合格证 3. 对设备状况进行检查 4. 对称量器具进行检查 5. 对生产用具的清洁状态进行检查 6. 按生产指令领取生产原料、辅料	20	
实训记录	1. 正确、及时记录实验的现象、数据 2. 按要求填写生产与清场记录	10	
实训操作	1. 按操作规程进行混合操作 2. 按正确步骤将混合后物料进行收集 3. 筛分完毕,按正确步骤关闭机器	40	
成品质量	1. 筛分后物料色泽均一、粒度均匀 2. 粒度符合规定要求	10	
清场	按要求清洁仪器设备、单元操作间,交接好所用物料、工具及产品	10	
实训报告	实训报告工整、完整、真实、准确,并能针对结果进行分析讨论	10	
合　计		100	

监考教师：　　　　　　　　考核时间：

（龚道锋）

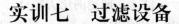

实训七 过滤设备

实训目标

1. 掌握液压式板框过滤机的岗位操作方法。
2. 掌握过滤生产工艺的管理要点及质量控制要点。
3. 掌握液压式板框过滤机的标准操作规程。
4. 掌握液压式板框过滤机清洁、保养的标准操作规程。

实训内容

一、相关知识

过滤是指固液混悬液通过一种多孔介质,使含有的固体粒子的流体去除部分或全部微粒,达到固体与液体分离的操作。过滤的推动力可以是重力、加压、真空或离心力。

（一）过滤的方式

1. 深层过滤 用砂粒等粒状物作为过滤介质,将其堆成较厚的固定床层。由于混悬液中的颗粒尺寸比过滤介质孔道直径小,当混悬液中颗粒随液体通过床层内细而弯曲的孔道时,靠静电及分子力作用吸附于孔道壁上。因这种过滤方法适用于固体颗粒小且少的混悬液,故在过滤介质床层上没有滤饼形成,称为深层过滤。

2. 滤饼过滤 混悬液过滤时,液体通过过滤介质而颗粒沉积在过滤介质表面形成滤饼。当混悬液中颗粒的粒径小于过滤介质的毛细管直径,而因颗粒在毛细管入口处相互堆挤而形成现象为"架桥现象"。也会有少量的颗粒在滤饼形成初期穿过过滤介质与滤液一起流走,而导致滤液浑浊,但随着滤饼的形成而逐渐澄清。这种以滤渣堆积形成的滤饼为过滤介质的过滤,称为滤饼过滤。这种过滤方式适用于固体颗粒含量较多(含固体颗粒的体积大于1%)的混悬液。

为提高过滤效率,可选用助滤剂,以防止孔眼被堵塞,保持一定孔隙率。一般的助滤剂为固体,如纸浆、硅藻土、滑石粉、药用炭等。阻滤剂的使用方法有两种:一是先在滤材上铺一层助滤剂,然后开始滤过;二是将助滤剂混入待滤液中,搅拌均匀,然后一起过滤,这样得到的滤饼较为疏松,滤液容易通过。在使用的过程中应注意,有些助滤剂的吸附作用可能会使有效成分有较大的吸附的可能性。

（二）影响过滤的因素

混悬液在过滤的过程中,不论是深层过滤还是滤饼过滤,都可以定为滤液通过颗粒与颗粒间所形成的毛细管束的过程。那么液体的流动遵守 Poiseuille 公式:

$$V = \frac{P\pi r^4 t}{8\eta l}$$

式中：V——滤液的体积；P——滤渣层两侧的压力差；t——滤过时间；r——滤过介质与滤层毛细管的平均半径；l——滤渣层毛细管的长度；η——料液的黏度。

由此可以看出影响滤过速度的因素有：

1. 滤渣层两侧的压力差越大，则滤速越快。

2. 滤材或滤层毛细管半径越大，滤速越快，因此，对可压缩性滤渣，常在料液中加助滤剂，以减少滤饼的阻力。

3. 滤速与毛细管长度成反比，故沉积的滤渣层越厚则滤速越慢。可将料液预滤处理，以减少滤渣层的厚度。采用随时除去滤渣层的滤过，效果较静态滤过好。

4. 滤速与料液的黏度成反比，料液的黏度越大，滤速越慢。因此，常采用趁热滤过或保温滤过好。应先滤清液，后滤稠液，在料液中加助滤剂也可降低黏度。

（三）过滤设备

1. 板框式过滤机　由尾板、头板、滤板、滤框、主梁和压紧装置等组成。在头板和尾板之间依次交替排列着滤板与滤框，板框之间夹有滤布，通过压紧装置的压力，将各板框连接成一个整体。在滤板和滤框的两个上角开有小孔，在叠合后构成供滤浆或洗水的通道。过滤时，悬浮液在一定的压力下，经滤浆孔道由滤框角上的暗孔进入框内，滤液分别穿过框两侧的滤布，自相邻滤板沟槽流出液出口排出。固体被截留在框内空间，形成滤饼，待滤饼充满框内，过滤过程结束。洗涤时，将悬浮液进口阀关闭，将洗水压入洗水通道，经由洗涤板角上的暗孔进入板面和滤布之间，洗水横穿滤布层和滤饼层，通过滤板下方的洗液出口排出。洗涤后旋松压紧装置，将各板框拉开，卸下滤饼，清洗滤布，整理板框重新装好，以进行下一个循环。

板框式过滤机结构简单，制造方便，附属设备少，对不同性质的滤液适应性好，广泛应用于制药生产中。但因装卸清洗皆为手工操作，劳动强度大，滤布损耗多，使其应用受到一定限制。

二、实训用物

板框式压滤机。

三、实施要点

（一）过滤岗位职责

1. 进岗前按规定着装，做好操作前的一切准备工作。

2. 根据生产指令按规定程序领取原辅料，核对所过滤物料的品名、规格、产品批号、数量，应准确无误。

3. 严格按工艺规程及过滤标准操作程序进行过滤处理。

4. 生产完毕，按规定进行物料移交，并认真填写工序记录及生产记录。

5. 工作期间，严禁串岗、脱岗，不得做与本岗位无关之事。

6. 工作结束或更换品种时，严格按照本岗位清场标准操作规程进行清场，经质监员检查合格后，挂标志牌。

7. 注意设备保养,经常检查设备运转情况,操作时发现故障及时排除并上报。

（二）过滤岗位操作规程

1. 生产前准备

（1）操作人员按要求更衣后进入过滤操作间,并检查过滤设备是否具"完好"、"已清洁"标志。

（2）根据批生产指令领取并核对领料单内容。

（3）填写并挂贴设备正在运行的状态标志,进入操作状态。

2. 生产操作

（1）确认过滤器、板框状态完好。

（2）按《板框式压滤机标准操作规程》安装和进行过滤操作。

（3）操作完毕,在盛滤液的洁净容器上贴上标签,注明物品名、规格、批号、数量、日期和操作者的姓名,交中间站。

3. 清场

（1）按《清场管理制度》、《容器具清洁管理制度》、《洁净区清洁规程》、《板框式压滤机操作规程》的要求搞好清场和清洁卫生。

（2）为保证清场工作质量,清场时应遵循先上后下、先外后里,一道工序完成后方可进行下道工序作业。

（3）清场后,填写清场记录,上报 QA 质监员,经 QA 质监员检查合格后挂清场合格证。

4. 记录　及时如实填写生产操作记录(见表 7-1、表 7-2)。

表 7-1　过滤设备工序生产记录表

品　　名		规　　格	
生产批号		重　　量	
生产车间		生产日期	
生产前准备	1. 操作间清场合格有清场合格证并在有效期内 2. 对设备状况进行检查 3. 所有器具已清洁 4. 物料有物料卡 5. 挂"正在生产"状态牌 6. 室内温湿度表要求,温度 18～26 ℃;相对湿度 45%～65%	□ □ □ □ □ 温　　度:　　　　相对湿度: 签　　名:	

	压滤机编号:				
混 合	物料	名　　称	悬浮液体积/L	滤液体积/L	湿滤渣质量/kg	过滤温度/℃
	滤液收率=$\dfrac{滤液体积}{悬浮液体积}×100\%$					
				操作人:　　　　　　复核人:		

表7-2 过滤岗位清场记录

岗位名称		生产批号	
药品品名		清场日期	年 月 日
清场项目	清场人	检查人	QA质监员
尾料是否清场	是□ 否□	合格□ 不合格□	合格□ 不合格□
生产废弃物是否清场	是□ 否□	合格□ 不合格□	合格□ 不合格□
厂房是否清洁	是□ 否□	合格□ 不合格□	合格□ 不合格□
设备是否清洁	是□ 否□	合格□ 不合格□	合格□ 不合格□
容器具、工器具是否清洁	是□ 否□	合格□ 不合格□	合格□ 不合格□
中间产品是否按规定放置	是□ 否□	合格□ 不合格□	合格□ 不合格□
工艺文件是否清离	是□ 否□	合格□ 不合格□	合格□ 不合格□
地漏、排水沟是否清洁	是□ 否□	合格□ 不合格□	合格□ 不合格□
本次批生产标志是否清场	是□ 否□	合格□ 不合格□	合格□ 不合格□
清洁工具是否清洁	是□ 否□	合格□ 不合格□	合格□ 不合格□
检查结果	检查合格发放清场合格证,清场合格证黏贴在本记录背面		
验收人签字	清场人:		
	检查人:	检查时间: 时 分	
	QA质监员:	复查时间: 时 分	
备注:			

（三）工艺管理要点

1. 过滤工艺技术参数应经过验证确认。

2. 应根据药液性质选择合适的滤材,过滤前应检查过滤器,符合要求后方可操作。

3. 滤渣及废料应按规定及时处理。

（四）质量控制要点

1. 滤材清洁度、孔径均匀度。

2. 过滤时间、压力。

3. 药液形状、澄明度。

（五）板框式压滤机操作规程

1. 操作前的准备工作

（1）检查管路与压滤机板框、滤布是否保持清洁。

（2）按规定穿戴好工作服、鞋、帽等保护品,检查环境卫生符合要求,准备好设备运行记录。

（3）检查进出管路、连接是否有渗漏或堵塞。

（4）检查油泵是否能正常运转,油液是否清洁,油位是否足够。

（5）检查机架各连接零件及螺栓、螺母有无松动,随时予以调整紧固。相对运动的零件必

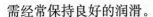

需经常保持良好的润滑。

（6）检查管道上的阀门是否处于正常开关位置，进液泵及各阀门是否正常。

（7）检查压力表、安全阀等安全附件是否完好，带电设备接地是否完好。

2. 生产操作

（1）启动油泵，应运转平稳，无杂音和异常振动，待压力表达到正常压力方可操作，不得任意调动溢流阀，不得超压运行，当进、退板框发生故障时，允许临时调高 1 MPa。动作完成后，即调回正常压力工作，而后关闭油泵。

（2）打开滤液出口阀，启动进料泵并渐渐开启进料阀门，调节回料阀，视过滤速度压力逐渐加大，一般不得大于 0.6 MPa。刚开始时，滤液往往浑浊，然后转清。如滤板间有较大渗漏，可适当加大中顶板顶紧力，旋紧锁紧螺母，但因滤布有毛细现象，仍有少量滤液渗出，属正常现象，可由容器接收。

（3）压滤过程中要监视滤液是否澄清，发现浑浊及时处理，重过滤或停车更换破损滤布。当料液完成或框中滤渣已满不能再继续过滤，即为一次过滤结束。

（4）过滤结束后，关掉料泵及进料阀。

（5）出渣时按油泵启动按钮，松开锁紧螺母，将手动阀扳至倒程挡，使中顶板及锁紧螺母收回至接套处。将手动阀扳至中间挡，再停油泵。

（6）卸渣并将滤布、滤板、滤框冲洗干净，叠放整齐，以防板框变形，也可依次放在压滤机里用压紧板顶紧以防变形，冲洗场地及擦洗机架，保持机架及场地整洁，切断外接电源。

（7）认真填写各项生产记录，并更新设备状态标志。

3. 清洁程序

（1）松开锁紧螺母，将滤材取下置于废料桶内，并将废液排放入指定容器。

（2）重新锁紧压紧杆，直至用手扳不动为止，用纯化水冲洗管路，去除残留料液。

（3）用 3‰ H_2O_2 或 1‰ NaOH 冲洗管路 1～3 分钟后，关闭排放阀、进液阀，用 3‰ H_2O_2 或 1‰ NaOH 浸泡管路内壁。

（4）松开锁紧螺杆，将进水板、出水板、进液管、出液管卸下，用纯化水冲洗，直至表面无可见残留物，放入 3‰ H_2O_2 或 1‰ NaOH 内浸泡。不可拆卸部分用 75‰乙醇溶液擦拭 1～2 遍。

（5）清洁完毕后填写清洁记录，并由 QA 质监员检查确认合格后挂清洁标志牌。

知识拓展

安全生产要点

1. 压滤机的减速器齿轮、压紧杆、减速器等应运行平稳、无异音。

2. 压滤机压紧时，前机座无晃动。

3. 滤板和滤框的移动装置及卸料装置、电器控制系统等要运行正常。

4. 设备带压操作，压力表、安全阀等安全附件要定期校验，带电设备接地完好。

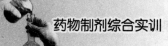
 思 考 题

1. 试述板框式压滤机的结构与工作原理。

2. 板框式压滤机使用时漏液是什么原因造成的,应如何处理?

3. 影响过滤的主要因素有哪些?

 **实训考核**

【过滤设备技能考核评价标准】

班级: 姓名: 学号: 得分:

测试内容	技能要求	分值	得分
实训准备	1. 着装整洁,卫生习惯好 2. 检查核实清场情况,检查清场合格证 3. 对设备状况进行检查 4. 对称量器具进行检查 5. 对生产用具的清洁状态进行检查 6. 按生产指令领取生产原料、辅料	20	
实训记录	1. 正确、及时记录实验的现象、数据 2. 按要求填写生产与清场记录	10	
实训操作	1. 按操作规程进行过滤操作 2. 按正确步骤将过滤后的滤液进行收集 3. 过滤完毕,按正确步骤关闭机器	40	
成品质量	过滤后的滤液体积及色泽均能达到相应指标	10	
清场	按要求清洁仪器设备、单元操作间,交接好所用物料、工具及产品	10	
实训报告	实训报告工整、完整、真实、准确,并能针对结果进行分析讨论	10	
合　计		100	

监考教师: 考核时间:

（龚道锋）

实训八 干燥设备

实训目标

1. 掌握常见的干燥方法及特点。
2. 掌握干燥的岗位操作规程。
3. 掌握厢式干燥设备的标准操作规程。
4. 掌握厢式干燥设备的清洁操作规程。

实训内容

一、相关知识

（一）干燥的含义与目的

在各种药物的原辅料及剂型的生产过程中，经常会遇到各种湿物料。湿物料不便于储存、运输、加工和使用，因此必须进行干燥处理。干燥即指利用热能或其他方式除去湿物料中所含水分，获得干燥物料的操作。其目的是除去湿物料中的水分或溶剂，提高稳定性，使物料具有一定的规格标准，以便于储存、运输、加工等。

（二）常见的干燥方法

1. **常压干燥** 指在常压下，利用干燥的热空气、红外线、微波等作为热源对物料进行干燥的方法。

2. **减压干燥** 指在密闭的容器中抽真空并进行加热干燥的一种方法。其特点是：干燥温度低，速度快，减少物料与空气的接触，避免污染或氧化变质，产品呈松脆海绵状，易于粉碎。适用于稠膏及热敏性物料的干燥。

3. **沸腾干燥** 又称流化床干燥，是利用热空气流使湿颗粒悬浮，呈流化态，似"沸腾状"，热空气在湿颗粒间通过，在动态下进行热交换，水分被蒸发而达到干燥。其特点是：气流阻力小，物料磨损较轻，热利用率高，蒸发面积大，干燥速度快，产品质量好，一般湿颗粒流化干燥时间为20分钟左右。干燥时不需翻料，适用于颗粒性物料的干燥，如片剂、颗粒剂湿颗粒和水丸的干燥，可以用于大规模生产，但是热能消耗较大，设备清扫较麻烦。

4. **喷雾干燥** 指将适当浓缩的液态物料经雾化器雾化为细小液滴，在一定流速的热气流中进行热交换，物料被迅速干燥的方法。其特点是：药液呈细雾状，表面积大，热交换快，可瞬间干燥，产品多为疏松的细粉或颗粒，溶解性能好，质量好，可保持原来的色香味，适用于液体物

料,特别是含热敏性成分的液体物料的直接干燥。

5. 冷冻干燥 又称升华干燥,是将被干燥的液态物料冷冻成固体,在低温减压条件下利用冰的升华性能,使物料脱水而达到干燥目的的方法。其特点:物料在高真空和低温条件下干燥,干品多孔疏松,易溶解,含水量低有利于药品长期贮存,尤适用于热敏性物品的干燥。

（三）常见的干燥设备

1. 水平气流厢式干燥器 其主要由厢体、风机、蒸汽加热系统、料盘、排湿系统、电器控制箱组成。水平气流厢式干燥器的热源多为蒸汽加热管道,干燥介质为自然空气及部分循环热风,小车上的烘盘装载被干燥的物料,干燥过程中物料保持静止状态,料层厚度一般为 10～100 mm。热风沿着物料表面和烘盘底面水平流过,同时与湿物料进行热交换并带走被加热物料中汽化的湿气,传热、传质后的热风在循环风机作用下,部分从排风口放出,同时由进风口补充部分湿度较低的新鲜空气,与部分循环的热风一起加热进行干燥循环,当物料达到工艺要求时停机出料。

2. 间歇单层流化床干燥器 由引风机、贮尘器、排灰器、集灰斗、旋风分离器、带式送料机、抛料器、卸料管、流化床、加热器、鼓风机、空气过滤器等组成。干燥时,空气经空气过滤器过滤,由鼓风机送入加热器加热至所需温度,经气体分布板喷入流化干燥室。物料由螺旋进料器输送到分布板上,随后被热气流吹起,形成流化状态沸腾起来。物料在流化干燥室内悬浮流化,经过一定时间被干燥,大部分干燥后的物料从干燥室旁卸料口排出,部分随尾气从干燥室顶部排出,经旋风分离器和袋滤器回收。

3. 喷雾干燥设备 喷雾干燥设备由料液罐、送料泵、空气过滤器、送风机、雾化器、冷风机、气扫装置、旋风分离器、引风机等构成。干燥时,空气通过空气过滤器和加热装置后,以切线方向进入干燥室顶部的热风分配器,通过热风分配器的热空气均匀、螺旋式地进入干燥室,同时将料液罐中的物料通过输出料泵送到干燥室顶部的离心喷雾头,料液被雾化成极小的雾状液滴,使物料盒热空气接触的表面积大大增加,所以当雾滴与热空气接触后迅速汽化,干燥为粉末或颗粒产品,干燥后的粉末或颗粒产品落到干燥室的锥体及四壁并滑行至锥底经负压抽吸进入集料桶,少量细粉随空气进入旋风分离器进行分离,最后废气进入湿式除尘器后排出。

二、实训用物

水平气流厢式干燥器。

三、实施要点

（一）干燥岗位职责

1. 进岗前按规定着装,做好操作前的一切准备工作。

2. 根据生产指令按规定程序领取原辅料,核对所干燥物料的品名、规格、产品批号、数量、生产企业名称、物理外观等,应准确无误。

3. 严格按工艺规程及粉碎标准操作程序进行原辅料处理。

4. 生产完毕,按规定进行物料移交,并认真填写工序记录及生产记录。

5. 工作期间,严禁串岗、脱岗,不得做与本岗位无关之事。

6. 工作结束或更换品种时,严格按照本岗位清场标准操作规程进行清场,经 QA 质监员检查合格后,挂标志牌。

7. 注意设备保养,经常检查设备运转情况,操作时发现故障及时排除并上报。

(二)岗位操作规程

1. 准备工作

(1)生产操作人员按照《进出一般生产区人员更衣标准操作程序》进行更衣,进入生产操作间。

(2)工序班长经一次更衣后,提前 10 分钟至车间办公室接收车间主任下发的生产指令及批生产记录,并根据指令填写生产状态标志,将批生产指令及批生产记录下发给操作人员。

(3)由工序班长组织操作人员对该岗位进行全面检查:有前次生产清场合格证(副本),并在有效期内;设备有"完好"标志和"已清洁"标志;计量器具有"计量合格证",并在有效期内;使用工具完好;容器具有"已清洁"标志。检查完毕后,由工序班长填写"生产前准备记录",并在"工序负责人"项签字。

(4)由 QA 质监员确认合格,在"检查人"项签字。

(5)由工序班长根据生产指令取下现场所有标志,给设备换上"正在运行"标志,操作间换上"正在生产"标志。

2. 操作

(1)操作人员从上一工序领取合格的药材或浸膏,办理交接手续,填写交接单,交料人、接料人分别签字。

(2)按照《水平气流厢式干燥器使用标准操作规程》进行生产操作。

(3)根据工艺要求,选择适当厚度,将需干燥的药材或浸膏均匀地平铺在不锈钢盘上,将不锈钢盘自上而下放在干燥车上推入烘箱,关闭烘箱门。

(4)开启蒸汽阀门和鼓风机,待恒温度升至规定要求后,固定气压,开始记录温度和时间。

(5)干燥的温度和时间要因药材情况和工艺要求而定,待干燥达到要求后,关闭蒸汽阀门,开启排风,自然降温到 40 ℃以下,出料。取料时将不锈钢盘自下而上取出,防止异物掉入。如发现有异常现象,应及时分开存放,报告工序班长及车间主管进行处理。

(6)操作人员将已冷却的药物过筛,去净碎末,装进无纺布袋或不锈钢桶,称重,工序班长复核;填写称量记录,拴挂标签,各项填写完全。

(7)由 QA 质监员检查合格后,根据工艺要求转下道工序或入净料库。

(8)在操作过程中,详细填写生产记录,要求字迹清晰、内容真实、数据完整,并由操作人及复核人签名。记录应保持清洁,不得撕毁和任意涂改;更改时,在更改处签字,并使原数据仍可辨认。

（9）在操作过程中出现异常时，按《生产过程偏差处理管理规程》处理。

3．清场

（1）生产结束后，操作人员将使用后的工具按《一般生产区工具清洁规程》进行清洁。

（2）由工序班长取下生产状态标志及设备运行状态标志，纳入批生产记录，换上操作间"待清场"标志、设备"待清洁"标志，严格按照《一般生产区清洁规程》、《一般生产区地面清洁规程》、《水平气流厢式干燥器清洁规程》进行清洁。

（3）工序班长检查合格后，取下"待清洁"标志，挂上"已清洁"标志，并注明有效期，由操作人员填写设备清洁记录。设备运转正常挂上设备"完好"标志。取下"待清场"标志，挂上"已清场"标志，并注明有效期，由操作人员填写清场记录。

（4）由 QA 质监员检查清场情况，确认合格后签发"清场合格证"正副本，操作人员填写清场记录，由 QA 质监员签字，并将清场记录及清场合格证（正本）纳入本次批生产记录。清场合格证（副本）插入操作间"已清场"标志牌上，留在生产现场，作为下次生产前检查凭证，并纳入下次批生产记录。

4．记录　及时如实填写生产操作记录（见表 8-1、表 8-2）。

表 8-1　干燥工序生产记录表

品　　名		规　　格	
生产批号		重　　量	
生产车间		生产日期	
生产前准备	1. 操作间清场合格有清场合格证并在有效期内 2. 所有设备有设备完好证 3. 所有器具已清洁 4. 物料有物料卡 5. 挂"正在生产"状态牌 6. 室内温湿度表要求，温度 18~26℃；相对湿度 45%~65%	☐ ☐ ☐ ☐ ☐ 温　　度：　　　　相对湿度： 签　　名：	
生产操作	1. 粉碎按《水平气流厢式干燥器操作规程》操作 2. 将物料干燥，控制升温速度，干燥后的细粉装入衬有洁净塑料袋的周转桶内，扎好袋口，填好"物料卡"备用	干燥时间：　　　　　　　至_____ 干燥温度： 干燥前重量：　　　　kg 干燥后重量：　　　　kg 操作人： 复核人：	
偏差处理	有无偏差： 偏差情况及处理：		

表 8－2　干燥岗位清场记录

岗位名称		生产批号		
药品品名		清场日期		年　月　日
清场项目	清场人	检查人		QA 质监员
尾料是否清场	是□　否□	合格□　不合格□		合格□　不合格□
生产废弃物是否清场	是□　否□	合格□　不合格□		合格□　不合格□
厂房是否清洁	是□　否□	合格□　不合格□		合格□　不合格□
设备是否清洁	是□　否□	合格□　不合格□		合格□　不合格□
容器具、工器具是否清洁	是□　否□	合格□　不合格□		合格□　不合格□
中间产品是否按规定放置	是□　否□	合格□　不合格□		合格□　不合格□
工艺文件是否清离	是□　否□	合格□　不合格□		合格□　不合格□
地漏、排水沟是否清洁	是□　否□	合格□　不合格□		合格□　不合格□
本次批生产标志是否清场	是□　否□	合格□　不合格□		合格□　不合格□
清洁工具是否清洁	是□　否□	合格□　不合格□		合格□　不合格□
检查结果	检查合格发放清场合格证,清场合格证黏贴在本记录背面			
验收人签字	清场人:			
	检查人:	检查时间:	时	分
	QA 质监员:	复查时间:	时	分
备注:				

（三）质量控制要点

含湿量、色泽均一性。

（四）标准操作规程

1. 准备工作

（1）按要求清洁设备,尤其是厢体内壁。

（2）检查设备各部件,如发现异常及时排除。

（3）检查电气控制面板各仪表及按钮、开关是否完好。

（4）检查蒸汽管道及电磁阀有无泄漏,如有,及时排除。

2. 操作程序

（1）将物料推入厢体,注意关严厢门。

（2）接通电源,按下风机按钮,启动风机。

（3）切换开关,放在"自动"位置,设定好温度控制点、极限报警点,然后将仪表拨动开关放在测量位置。

（4）关掉电磁阀两边的截止阀,打开旁通阀,同时打开疏水器旁通阀,放掉管道中的污水,然后按相反顺序关掉旁通阀,打开截止阀。

（5）将切换开关置于"手动"位置,按下"加热"按钮开关,反复进行几次,检查电磁阀开关是否灵活。若无异常现象,将切换开关置于"自动"位置投入使用。

（6）待温度升到设定值后,打开排湿系统。

（7）待物料干燥合格后,关掉排湿、加热、风机,断开电源,拉出物料,准备下一批物料的操作。

3. 清洁程序

（1）打开干燥器门,将干燥器的隔板拆下,用刷子将其洗刷干净,再用饮用水冲洗干净。

（2）用设备专用抹布将干燥器内壁擦洗干净,无异物残留。

（3）将上述配件确定无污物、无油迹、无产品残留后,用饮用水冲洗、擦洗或漂洗一次,再用纯化水擦洗、冲洗或漂洗一次。将烘盘由上而下放入隔板上。

（4）关闭干燥器门,启动干燥器,进行干燥。待干燥器内各配件干燥后,关闭电源。

（5）清场后,填写清场记录,上报 QA 质监员,检查合格证后挂清场合格证。

4. 记录 及时如实填写生产操作记录。

知识拓展

（一）工艺管理要点

1. 必须满足干燥产品的质量要求,达到工艺要求的干燥程度及含水量,不影响产品外观性状及药用价值。

2. 干燥操作环境符合 GMP 对空气洁净度的要求。

3. 应注意干燥的温度、时间、物料堆放厚度,控制好升温速度,避免影响产品质量。

（二）安全生产注意事项

1. 设备处于工作状态,禁止打开烘箱门。

2. 清洗设备时,防止电气部件进水。

3. 推、拉出料车时,要谨慎操作,防止料盘滑落或者料车与厢体发生剧烈碰撞。

4. 每班按要求检查蒸汽管路、经常检查风筒等部件是否有漏气现象。

5. 控制仪表等要定期校验。

6. 经常检查各紧固件是否松动,如松动应加以紧固。

1. 常见的干燥方法及特点有哪些?

2. 厢式干燥器在干燥的过程中应注意哪些问题?

【干燥设备技能考核评价标准】

班级： 姓名： 学号： 得分：

测试内容	技能要求	分值	得分
实训准备	1. 着装整洁,卫生习惯好 2. 检查核实清场情况,检查清场合格证 3. 对设备状况进行检查 4. 对称量器具进行检查 5. 生产用具的清洁状态进行检查	20	
实训记录	正确、及时记录实验的现象、数据	10	
实训操作	1. 按操作规程进行粉碎操作 2. 按正确步骤将干燥后物料进行收集 3. 粉碎完毕按正确步骤关闭机器	40	
成品质量	1. 含湿量合格 2. 干燥物料色泽均匀	10	
清场	按要求清洁仪器设备、单元操作间,交接好所用物料、工具及产品	10	
实训报告	实训报告工整、完整、真实、准确,并能针对结果进行分析讨论	10	
合　计		100	

监考教师： 考核时间：

（龚道锋）

实训九 反应设备

1. 掌握常见反应器的结构及特点。
2. 掌握反应设备的岗位操作规程。
3. 掌握釜式反应器的标准操作规程。
4. 掌握釜式反应器的清洁操作规程。

一、相关知识

(一)反应设备

反应设备是用来进行化学或生物反应的装置,是一个能为反应提供适宜的反应条件,以实现将原料转化为特定产品的设备。在制药工艺过程中,很多化学药品的原料及辅料都需要通过反应器在一定的条件下生产。在整个化学药品原料和辅料的制备过程中,这一步是生产过程的核心,起着主导作用,它的要求和结果决定着预处理的程度和后处理的难度。

(二)反应器的类型

在化工生产中,化学反应的种类很多,操作条件差异很大,物料的聚集状态也各不相同,使用反应器的种类也是多种多样。一般可按用途、操作方式、结构等进行分类,最常见的是按结构分类,可分为釜式反应器、管式反应器、塔式反应器、固定床反应器、流化床反应器等。

1. 釜式反应器 釜式反应器也称槽式、锅式反应器,它是各类反应器中结构较为简单且应用较广的一种。主要应用于液-液均相反应过程,在气-液、液-液非均相反应过程中也有应用。在化工生产中,既适用于间歇操作过程,又可单釜或多釜串联用于连续操作过程,但在间歇生产过程应用最多。釜式反应器具有适用温度和压力范围宽、适应性强、操作弹性大、连续操作时温度浓度容易控制、产品质量均一等特点。但用在较高转化率工艺要求时,需要较大容积。通常在操作条件比较缓和的情况下操作,如常压、温度较低且低于物料沸点时,应用此类反应器最为普遍。

2. 管式反应器 管式反应器主要用于气相、液相、气-液相连续反应过程,由单根(直管或盘管)连续或多根平行排列的管子组成。一般设有套管或壳管式换热装置。操作时,物料自一端连续加入，在管中连续反应，从另一端连续流出，便达到了要求的转化率。由于管式反应器能承受较高的压力，故用于加压反应尤为合适。此种反应器具有容积小、比表面大、返混少、反应混合物连续性变化、易于控制等优点。但若反应速度较慢时，则有所需管子长、压降较大等不足。

二、实训用物

间歇搅拌釜式反应器。

三、实施要点

（一）岗位职责

1. 进岗前按规定着装，做好操作前的一切准备工作。

2. 根据生产指令按规定程序领取原辅料，核对所领取物料的品名、规格、产品批号、数量、生产企业名称、物理外观等，应准确无误。

3. 严格按工艺规程及釜式反应器标准操作程序进行原辅料处理。

4. 生产完毕，按规定进行物料移交，并认真填写工序记录及生产记录。

5. 工作期间，严禁串岗、脱岗，不得做与本岗位无关之事。

6. 工作结束或更换品种时，严格按照本岗位清场标准操作规程进行清场，经质监员检查合格后，挂标志牌。

7. 注意设备保养，经常检查设备运转情况，操作时发现故障及时排除并上报。

（二）岗位操作规程

1. 准备工作

（1）操作人员按要求更衣后进入过滤操作间，并检查反应设备是否具"完好"、"已清洁"标志。

（2）根据《批生产指令》领取并核对领料单内容。

（3）检查与反应釜有关的管道和阀门，在确保符合受料条件的情况下，方可投料。

（4）检查搅拌电机、减速机、机封等是否正常，减速机油位是否适当，机封冷却水是否供给正常。

（5）填写并挂贴设备的正在运行的状态标志，进入操作状态。

2. 操作

（1）在确保无异常情况下，启动搅拌，按规定量投入物料。10 m³ 以上反应釜或搅拌有底轴承的反应釜严禁空运转，确保底轴承浸在液面下时方可开启搅拌。

（2）严格执行工艺操作规程，密切注意反应釜内温度和压力以及反应釜夹套压力，严禁超温和超压。

（3）反应过程中，应做到巡回检查，发现问题，应及时处理。

（4）若发生超温现象，立即用水降温。降温后的温度应符合工艺要求。

（5）若发生超压现象,应立即打开放空阀,紧急泄压。

（6）若停电造成停车,应停止投料;投料途中停电,应停止投料,打开放空阀,给水降温。长期停车应将釜内残液清洗干净,关闭底阀、进料阀、进汽阀、放料阀等。

3. 清场

（1）生产结束后,操作人员将使用后的工具按《一般生产区工具清洁规程》进行清洁。

（2）由工序班长取下生产状态标志及设备运行状态标志,纳入批生产记录,换上操作间"待清场"标志、设备"待清洁"标志,严格按照设备清洁程序进行清洁。

（3）工序班长检查合格后,取下"待清洁"标志,挂上"已清洁"标志,并注明有效期,由操作人员填写设备清洁记录。设备运转正常挂上设备"完好"标志。取下"待清场"标志,挂上"已清场"标志,并注明有效期,由操作人员填写清场记录。

（4）由 QA 质监员检查清场情况,确认合格后签发"清场合格证"正副本,操作人员填写清场记录,由 QA 质监员签字,并将清场记录及清场合格证（正本）纳入本次批生产记录。清场合格证（副本）插入操作间"已清场"标志牌上,留在生产现场,作为下次生产前检查凭证,并纳入下次批生产记录。

4. 记录 及时如实填写生产操作记录（见表 9-1、表 9-2）。

表 9-1 反应设备生产记录表

品　　名		规　　格	
生产批号		重　　量	
生产车间		生产日期	
生产前准备	1. 操作间清场合格有清场合格证并在有效期内 2. 所有设备有设备完好证 3. 所有器具已清洁 4. 物料有物料卡 5. 挂"正在生产"状态牌 6. 室内温湿度表要求,温度 10~40 ℃;相对湿度 85% 以下	□ □ □ □ □ 温　　度：　　　相对湿度： 签　　名：	
生产操作	1. 反应器按《釜式反应器的操作规程》操作 2. 严格按照产品的工艺规程设定操作条件	反应时间：　　　　　至 _____ 反应温度： 反应压强： 操作人： 复核人：	
偏差处理	有无偏差： 偏差情况及处理：		

表9-2 反应设备清场记录

岗位名称		生产批号	
药品品名		清场日期	年 月 日
清场项目	清场人	检查人	QA质监员
尾料是否清场	是□ 否□	合格□ 不合格□	合格□ 不合格□
生产废弃物是否清场	是□ 否□	合格□ 不合格□	合格□ 不合格□
厂房是否清洁	是□ 否□	合格□ 不合格□	合格□ 不合格□
设备是否清洁	是□ 否□	合格□ 不合格□	合格□ 不合格□
容器具、工器具是否清洁	是□ 否□	合格□ 不合格□	合格□ 不合格□
中间产品是否按规定放置	是□ 否□	合格□ 不合格□	合格□ 不合格□
工艺文件是否清离	是□ 否□	合格□ 不合格□	合格□ 不合格□
地漏、排水沟是否清洁	是□ 否□	合格□ 不合格□	合格□ 不合格□
本次批生产标志是否清场	是□ 否□	合格□ 不合格□	合格□ 不合格□
清洁工具是否清洁	是□ 否□	合格□ 不合格□	合格□ 不合格□
检查结果	检查合格发放清场合格证,清场合格证黏贴在本记录背面		
验收人签字	清场人: 检查人: 检查时间: 时 分 QA质监员: 复查时间: 时 分		
备注:			

（三）工艺管理要点

1. 确保各仪表灵敏度,反应器内的温度、压强、反应时间应严格按照工艺要求执行。

2. 加热和冷却时要缓慢进行,严禁超高温、高压操作。

3. 容器内有压力时,严禁带压松脱各部受压元件。

（四）质量控制要点

目标产物收率。

（五）间歇搅拌釜式反应器标准操作规程

1. 准备工作

（1）检查安全阀、爆破片等安全装置是否完好。

（2）检查紧固部位是否紧固。

（3）检查润滑部位是否按规定润滑,保持润滑良好。

（4）检查搅拌系统有无松动。

（5）检查密封部位是否密封,保持密封良好,无泄漏。

（6）检查压力表、安全阀、温度计等设备上的仪表是否灵敏、可靠。

（7）检查设备上的安全防护设施是否齐全、紧固。

（8）检查电源开关是否灵敏好用。

（9）检查与反应釜连接的各阀门开关是否正确。

（10）搪玻璃搅拌釜式反应器还要检查釜内壁搪玻璃层是否完好。

2．操作

（1）打开反应釜上放空阀，关闭釜底放料阀，按离心泵的操作步骤启动进料泵，再打开进料阀，向釜式反应器进料。

（2）进料至料液淹没搅拌桨叶底部后，启动搅拌。

（3）进料结束，关闭进料阀，关闭放空阀，打开夹层升温阀门，升温至规定温度，进行反应。反应过程中要巡回检查，各工艺参数如温度、压力、pH 等必须控制在规定范围内。

（4）启动电机带动搅拌，加速反应或结晶。

（5）反应完毕，降至规定温度，准备放料，打开放料阀。

（6）关闭降温阀门。放料至快要露出搅拌桨底部时，停止搅拌，以防止搅拌桨空转甩弯搅拌轴。停搅拌桨时也要点动停车，防止停止过急而损坏搅拌桨。

（7）放料结束，关闭放料阀，停车。

3．清场

（1）设备的清洗按各设备清洗程序操作，清洗前必须首先按操作停车。

（2）停车后，必须彻底清理提取罐内物料。

（3）凡能用水冲洗的设备，可用高压水枪冲洗，先用饮用水冲洗至无污水，然后再用纯化水冲洗两次。

（4）不能直接用水冲洗的设备，先扫除设备表面的积尘，凡是直接接触药物的部位可用纯水浸湿抹布直至干净。能拆下的零部件应拆下，凡能用水冲洗的设备，可用高压水枪冲洗，先用饮用水冲洗至无污水，然后再用纯化水冲洗两次。

（5）凡能在清洗间清洗的零部件和能移动的小型设备尽可能在清洗间清洗烘干。

（6）工具、容器的清洗一律在清洗间清洗，先用饮用水清洗干净，再用纯化水清洗两次，移至烘箱烘干。

（7）门、窗、墙壁、风管等先用干抹布擦抹掉表面灰尘，再用饮用水浸湿抹布擦抹直到干净。

（8）凡是设有地漏的工作室，地面用饮用水冲洗干净，无地漏的工作室用拖把抹擦干净（洁净区用洁净区的专用拖把）。

（9）清场后，填写清场记录，上报 QA 质监员，检查合格证后挂清场合格证。

知识拓展

安全生产要点

1．高压釜应放置在室内。在装备多台高压釜时，应分开放置。每间操作室均应有直接通向室外或通道的出口,应保证设备地点通风良好。

2. 在装釜盖时,应防止釜体釜盖之间密封面相互磕碰。将釜盖按固定位置小心地放在釜体上,拧紧主螺母时,必须按对角、对称地分多次逐步拧紧。用力要均匀,不允许釜盖向一边倾斜,以达到良好的密封效果。

3. 正反螺母连接处,只准旋动正反螺母,两圆弧密封面不得相对旋动,所有螺母纹联接件有装配时,应涂润滑油。

4. 针型阀是线密封,仅需轻轻转动阀针,压紧密封面,即可达到良好的密封效果。

5. 用手盘动釜上的回转体,检查运转是否灵活。

6. 控制器应平放于操作台上,其工作环境温度为 $10 \sim 40$ ℃,相对湿度小于 85%,周围介质中不含有导电尘腐蚀性气体。

7. 检查面板和后板上的可动部件和固定接点是否正常,抽开上盖,检查接插件接触是否松动,是否有因运输和保管不善而造成的损坏或锈蚀。

8. 操作结束后,可自然冷却、通水冷却或置于支架上空冷。待温度降低后,再放出釜内带压气体,使压力降至常压(压力表显示零),再将主螺母对称均等旋松,再卸下主螺母,然后小心地取下釜盖,置于支架上。

9. 每次操作完毕,应清除釜体、釜盖上残留物。主密封口应经常清洗,并保持干净,不允许用硬物或表面粗糙物进行擦拭。

 思考题

1. 搅拌釜式反应器搅拌桨电机开启时应注意什么?

2. 釜式反应器的特点有哪些?

药物制剂综合实训

实训考核

【反应设备技能考核评价标准】

班级：　　　　　姓名：　　　　　学号：　　　　　得分：

测试内容	技能要求	分值	得分
实训准备	1. 着装整洁，卫生习惯好 2. 检查核实清场情况，检查清场合格证 3. 对设备状况进行检查 4. 对称量器具进行检查 5. 对生产用具的清洁状态进行检查	20	
实训记录	正确、及时记录实验的现象、数据	10	
实训操作	1. 按操作规程进行粉碎操作 2. 按正确步骤将反应后物料进行收集 3. 粉碎完毕按正确步骤关闭机器	40	
成品质量	1. 目标产物收率 2. 结晶晶型与色泽	10	
清场	按要求清洁仪器设备、单元操作间，交接好所用物料、工具及产品	10	
实训报告	实训报告工整、完整、真实、准确，并能针对结果进行分析讨论	10	
合　计		100	

监考教师：　　　　　　　　　考核时间：

（龚道锋）

项目三　固体制剂生产流程与设备应用

实训十　颗粒剂的灌装生产

在模拟仿真生产环境下操作颗粒剂生产设备完成包装工作。要求：

1. 掌握中药颗粒剂的制备工艺过程及主要生产设备。

2. 掌握摇摆式机的基本结构、操作方法。

3. 了解颗粒剂生产设备的日常维护应用和排除常见故障，为就业后从事相应的工艺生产管理、工程技术和质量管理岗位打下良好的基础。

一、相关内容

颗粒制造设备是将各种形态，比如粉末、块状、油状等的药物制成颗粒状，便于分装或用于压制片剂的设备。

（一）常用制粒方法

包括湿法制粒、干法制粒和沸腾干燥制粒法。

1. 湿法制粒　粉末中加入液体胶黏剂（有时采用中药提取的稠膏），混合均匀，制成颗粒。

2. 干法制粒　就是将粉末在干燥状态下压缩成型，再把压缩成型的块状物破碎制成颗粒。干法制粒法可分为滚压法和压片法。

3. 沸腾干燥制粒法　沸腾干燥制粒又称流化喷雾制粒，它是用气流将粉末悬浮，呈流态化，再喷入胶黏剂液体，使粉末凝结成粒。

（二）颗粒生产设备

1. 摇摆式颗粒机　摇摆式颗粒机是目前国内常用的制粒设备，它结构简单、操作方便。

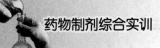

摇摆式颗粒机一般与槽式混合机配套使用。后者将原辅料制成软材后,经摇摆式颗粒机制成颗粒状。也可对干颗粒进行整粒使用,把块状或圆团状的大块整成大小均匀的颗粒,然后压片。

摇摆式颗粒机制粒的原理是强制挤出机理,对物料的性能有一定的要求,物料必须紧松适当,即在混合机内制得的软材要适宜于制粒。太紧,则挤出的颗粒成条不易断开,太松,则不能成颗粒而变成粉末。

摇摆式颗粒机整机的结构示意如图10-1所示。电机通过传动带将动力传到蜗杆和与蜗杆相啮合的涡轮上。由于在涡轮的偏心位置安装了一个轴,且齿条一端的轴承孔套在该偏心轴上,因此,每当涡轮旋转一周,则齿条上下移动一次。齿条的上下运动使得与之相啮合的滚轮转轴齿轮做正反相旋转,七角滚轮也随之正反相旋转。

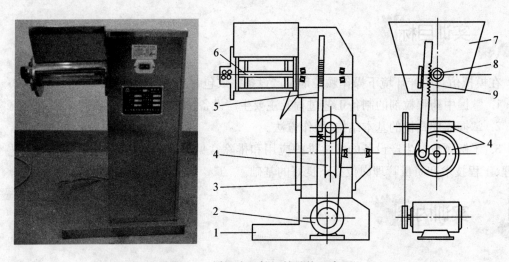

图 10-1 摇摆式颗粒机的结构示意图

1—底座;2—电机;3—传动带;4—涡轮蜗杆;5—齿条;

6—七角滚轮;7—料斗;8—转轴齿轮;9—挡块

在制粒时,一般根据物料的性质,软材情况选用10～20目范围内的筛网,根据颗粒的色泽情况有时需进行二次过筛,以达到均匀的效果。

2. 快速湿法混合制粒机　快速湿法混合制粒机(图10-2)由盛料器、搅拌轴、搅拌电机、制粒刀、制粒电机、电器控制器和机架等组成。本机的造粒过程是由混合及制粒两道工序在同一容器中完成。粉状物料在固定的锥形容器中,由于混合桨的搅拌作用,使物料碰撞分散成半流动的翻滚状态,并达到充分的混合。

随着黏合剂的注入,使粉料逐渐湿润,物料形状发生变化,加强了搅拌桨和筒壁对物料的挤压、摩擦和捏合作用,从而形成潮湿均匀的软材。这些软材在制粒刀的高速切割整粒下,逐步形成细小而均匀的湿颗粒,最后由出料口排料。颗粒目数大小由物料的特性、制料刀的转速和制粒时间等因素制约。

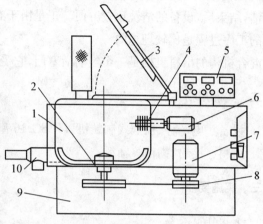

图 10-2　快速湿法混合制粒机及其结构简图

1—盛料器；2—搅拌桨；3—盖；4—制粒刀；5—控制器；

6—制粒电机；7—搅拌电机；8—传动带；9—机座；10—控制出料门

图 10-3　制料刀（左）和搅拌桨（右）

操作时先将主、辅料按处方比例加入容器内，开动搅拌桨，先将干粉混合 1～2 分钟，待均匀后加入黏合剂。物料在变湿的情况下再搅拌 4～5 分钟。此时物料已基本成软材状态，再打开快速制粒刀，将软材切割成颗粒状。由于容器内的物料快速翻动和转动，使得每一部分的物料在短时间内都能经过制粒刀部位，即都能被切成大小均匀的颗粒。

快速混合制粒机的混合制粒时间短（一般仅需 8～10 分钟），制成的颗粒大小均匀、质地结

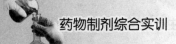

实、细粉少、压片时流动性好,压成片子后硬度较高,崩解、溶出性能也较好。工作时室内环境比较清洁,结束后,设备的清洗比较方便。正是由于有如此多的优点,因而采用这种机器进行混合制粒的工序过程是比较理想的。

混合机构的出料机构是一个气动活塞门,它受气源的控制来实现活塞门的开启或关闭。

二、实训用物

1. 设备　电子秤、摇摆式制粒机、HLSG-10 型湿法混合制粒机。

2. 材料　淀粉、糊精等辅料。

三、实施要点

(一) 操作前准备

1. 生产人员按进出一般生产区更衣规程、进出 C 级洁净区人员更衣规程进行更衣。

2. 检查生产车间是否有清场合格标志,并在有效期内。否则按清场标准操作规程进行清场并经 QA 质监员检查合格后,填写清场合格证,才能进行下一步操作;将"清场合格证"附入批生产记录。

3. 检查设备是否有"正常"、"已清洁"标牌,并对设备进行检查,确认正常,方可使用。

4. 根据"批生产指令"填写领料单,到仓储领取物料。

5. 挂运行状态标志,进入操作。

(二) 生产操作

1. 开机前准备工作

(1) 接通电源三相四线和接地,接通水源和气源(图 10-4)。

图 10-4　连接制粒机(左)和空气压缩机(右)

(2) 打开容器盖(图 10-5),将"水"开关向上拨,彻底清洗容器,清洗好按下。

图 10-5 打开容器盖,消洗容器

图 10-6 关闭容器盖

(3) 在油雾器中加入 1/3 容积的食用植物油,开启压缩空气,开关向上拨,待吹扫出密封道内的余水后,按下"气"开关。

(4) 开启电源,关闭出料口。

(5) 加入物料,关闭容器盖并锁紧。

2. 开机

(1) 开机时必须关闭容器盖(图 10-6)。

(2) 启动搅拌控制器,可以根据工艺要求调节速度。

(3) 搅拌混合满足工艺要求后,启动制粒控制器,可以根据工艺要求调节速度。

(4) 制粒结束后,关闭"搅拌"、"制粒"开关。

3. 出料

(1) 按"出料"按钮即可打开出料口(图 10-7),控制出料的速度,可通过调节"搅拌"的速度来调节。如自动出料不能出干净,可按"开盖"开关,然后打开容器盖,清理容器内的剩余物料。

(2) 出料完毕后,关闭"气"开关。如需连续工作,重复上述操作程序即可。

(3) 每班操作结束后,必须对容器进行消洗。消洗时,将"水"开关拨起,再加水进行消洗。

图 10-7 出料口和控制出料气缸

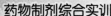

（三）生产结束

1. 将剩余物料收集，标明状态，交中间站。

2. 按《快速湿法混合制粒机设备清洁操作规程》、《制粒生产车间清场操作规程》对设备、房间进行清洁消毒。

3. 填写清场记录，经 QA 质监员检查合格，在批生产记录上签字，并签发清场合格证。

 **知识拓展**

1. 搅拌、混合、制粒操作时，必须将容器盖锁紧。

2. 经常检查各运动部位连接是否牢固，三角皮带是否过松，轴承是否有损坏，设备运行过程中有无异响。一旦发生故障，应该及时予以排除。

3. 更换搅拌轴密封圈及密封环的方法：拧下锁紧螺母→取下搅拌刀片→撤下搅拌轴座，予以更换。

 **思考题**

1. 制粒生产的方法有哪几种？它们的工序流程是什么？

2. 快速湿法混合制粒生产中需要注意的事项有哪些？

【快速湿法混合制粒生产技能考核评价标准】

班级：　　　　　姓名：　　　　　学号：　　　　　得分：

测试内容	技能要求	分值	得分
生产前准备	穿好工作服,戴好工作帽	5	
	核对本次生产品种的品名、批号、规格、数量、质量,确定黏合剂种类、浓度、温度	5	
	正确检查制粒间状态标志	5	
	准备所需容器用具并检查是否清洁	5	
	按规定程序对制粒设备进行润滑、消毒	5	
	按照生产指令规定的品种、规格、数量投料	5	
生产操作	制软材:开机空转试机,将原辅料混合均匀,并加入适量黏合剂,制成软硬适中的软材	5	
	停机检查软材的质量,合格后出料	5	
	正确选适宜的筛网,并能独立进行安装	10	
	开摇摆式制粒机空转试机	5	
	加料制粒并检查颗粒质量	5	
	清理颗粒机上的余料	5	
清场	操作完毕,将湿颗粒接入烘盘加标签,注明物料品名、规格、批号、数量、日期和操作者的姓名,转入干燥工序	5	
	将生产所剩的尾料收集,标明状态,交中间站	5	
	按清场程序和设备清洁规程清理工作现场	5	
	如实填写各种记录	5	
实训报告	实训报告工整,项目齐全,结论准确,并能针对结果进行分析讨论	15	
合　计		100	

监考教师：　　　　　　　　　　考核时间：

（黄　平　黄继红）

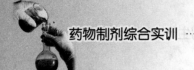
实训十一　片剂的压片生产

实训目标

在模拟仿真生产环境下完成片剂制备工作。要求：
1. 通过片剂制备，掌握片剂的制备工艺过程。
2. 熟悉常用旋转压片机的使用方法。
3. 学会分析片剂处方的组成和各种辅料在压片过程中的作用。

实训内容

一、相关知识

片剂是指药物与辅料均匀混合后压制而成的片状制剂。片剂具有剂量准确、化学稳定性好、携带方便、制备的机械化程度高等特点，因此在现代药物制剂中应用最为广泛。

（一）制备方法

片剂的制备方法按制备工艺分类为两大类或四小类：

1. 制粒压片法　湿法制粒压片法、干法制粒压片法。

2. 直接压片法　直接粉末（结晶）压片法、干式颗粒压片法。

以最为常用的湿法制粒压片法为例，制备片剂时首先将药物和辅料进行粉碎和过筛等处理（一般要求粉末细度在 80～100 目以上），以保证固体物料的混合均匀性和药物的溶出度，再加入适量的黏合剂或润湿剂制备软材。软材的干湿程度对片剂质量的影响较大，在实验中一般以"握之成团，轻压即散"为度，软材通过筛网所得的颗粒一般要求较完整。如果颗粒中含细粉过多，说明黏合剂用量过少；若呈线条状则说明黏合剂用量过多。这两种情况制成的颗粒烘干后，往往出现太松或太硬的现象，都不符合压片对颗粒的要求。制好的湿颗粒应尽快干燥，干燥的温度一般为 50～60 ℃，对热稳定的物料，可适当提高温度。湿颗粒干燥后，需过筛整粒以便将粘连的颗粒散开，同时加入润滑剂和需外加法加入的崩解剂并与颗粒混匀。整粒用筛的孔径与制粒时所用筛孔相同或略小。

（二）压片设备

常用压片设备为旋转压片机（图 11-1），旋转式压片机基于单冲压片机的基本原理，同时又针对瞬时无法排出空气的缺点，变瞬时压力为持续且逐渐增减压力，从而保证了片剂的质量。旋转式压片机对扩大生产有极大的优越性，由于在转盘上设置多组冲模，绕轴不停旋转。颗粒由加料斗通过饲料器流入位于其下方的、置于不停旋转平台之中的模圈中。该法采用填充轨道的填料方式,因而片重差异小。当上冲与下冲转动到两个压轮之间时,将颗粒压成片(图11-2)。

图 11-1　旋转压片机整机及转台部分

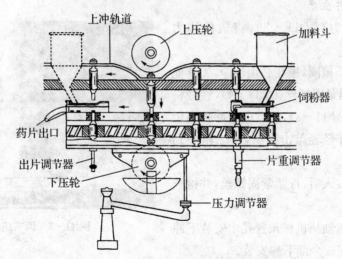

图 11-2　旋转式压片机压片过程示意图

二、实训用物

1. **仪器**　托盘天平、烧杯、电炉、乳钵、玻棒、工业筛、烘箱、旋转压片机。

2. **材料**　碳酸氢钠、淀粉、硬脂酸镁。以复方碳酸氢钠片的制备为例:

处方

碳酸氢钠	250 g	(主　药)
淀粉	25 g	(崩解剂)
10%淀粉浆	适量	(黏合剂)
硬脂酸镁	适量 10 g(3%)	(润滑剂)
共制片剂	500 片	

三、实施要点

（一）压片前准备

1. 原辅料处理　取碳酸氢钠与淀粉通过 80 目筛,置乳钵中研磨混匀。

2. 制湿粒

（1）10％淀粉浆制备:称取淀粉 5 g,缓缓加入纯化水 45 ml,水浴加热搅拌至(沸)糊化,冷却,备用。

（2）软材制备:分次加入淀粉浆适量至碳酸氢钠乳钵中研匀使成软材。

（3）湿颗粒制备:将软材于 16～18 目筛上,用手掌轻压过筛使成湿颗粒。

3. 干燥、整粒　将湿颗粒置烘箱中,50 ℃以下烘干,干颗粒通过 18～20 目过筛整粒,加入 3％硬脂酸镁混匀。

4. 压片　试压片、调片重、调压力,然后正式压片。

（二）片剂压片生产

1. 先调节压力(图 11-3),将机件压力减小。

2. 装入冲头与模圈,模孔必须洁净,无其他污染物。松开模圈紧固螺丝(图 11-4),轻轻将模圈插入模孔中(图 11-5),然后以上冲孔内包有软纤维的金属杆轻轻敲击模圈,使之精确到达预定位置。

3. 所有模圈装入后,拧紧紧固螺丝,并检查模圈是否被固定。

4. 通过转动机轴从机械预置孔中安装下冲(图 11-6),依次完成全部下冲安装。

图 11-3　调节压力旋钮

图 11-4　模圈紧固螺丝

图 11-5　模圈及模具模孔

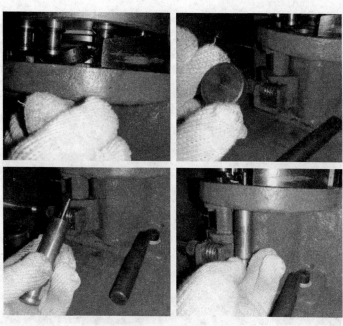

图 11-6　安装下冲

5. 安装上冲(图 11-7)　所有冲头的尾端在安装之前必须涂上一薄层矿物油。调节出片凸轮,使下冲出片位置与冲模平台平齐。

图 11-7　安装上冲

6. 饲料器(图 11-8)需与饲料斗相连接并紧贴模台,在安装好冲头与模圈后,即可调节片重和硬度(图 11-9)。

7. 加少量颗粒于饲料斗中,用手转动机器(图 11-10、图 11-11),同时旋转压力调节轮,直至压出完整片剂。

8. 检查片剂质量,并调节片重至符合要求。在获得满意的片重之前往往需要进行多次调节。当填充量减少时,必须降低压力,使片剂具有相同的硬度。反之,当填充量增加时,则必须增加压力以获得相当的硬度。

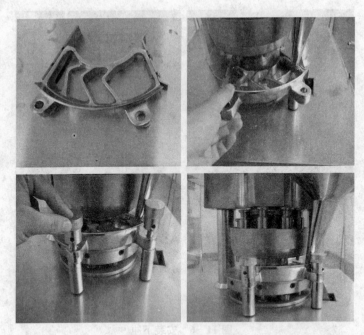

图 11-8 安装饲料器

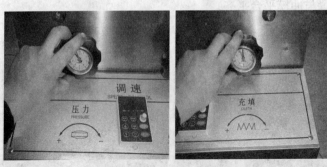

图 11-9 调节片重和硬度

图 11-10 安装电机转动手轮

图 11-11　转动手轮，手动运行设备

（三）操作要点

将颗粒加入饲料斗，开机，设定生产速度（图 11-12）。在开始运作后立即检查片重及硬度，如有需要可作适当调整。每隔 15~30 分钟对这些指标进行常规检查，在此期间机械保持连续运转。当颗粒消耗完后，关闭电源。从机器上移去饲料及饲料器，用吸尘器去除松颗粒及粉尘。旋转压力调节轮至压力最低。按照安装的相反顺序取下冲头、模圈，首先取下上冲，然后取下下冲、模圈，用乙醇洗涤冲头、模圈，并用软刷除去附着物。再用干净的布擦干，涂一薄层油后保存。开车时应先开电机，再缓慢开离合器，使机器逐渐加速，正常生产中应使用离合器开停，无特殊情况勿直接开停电动机。

图 11-12　调节设备生产速率

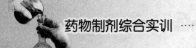

 知识拓展

1. 压力的调试 在调节时,若片剂的压力已知则可直接调定。若片剂压力未知,应首先将压力调至最大值,即5t,待片剂硬度或崩解时限符合要求(在这个过程中,应注意超负荷,即压力超过机器的最大压力,应立即停车,以免损坏机器),再缓慢减压至合适压力。

2. 填充调试 按片剂质量要求进行调整,可旋转刻度盘手把,按顺时针方向旋转时,填充量增加,反之减少。填充深度可直接由刻度表尺读出,然后检查片重,转动刻度盘手把,作微量调节,刻度盘刻度每小格等于填充深度的0.01 mm,调节时应注意加料器中要有足够的原料,同时随时调节片厚,使片剂有一定的硬度,便于片重的测试。

3. 片剂厚度的调试 首先旋转机器前面的把手,左边按顺时针方向转,片厚增加,递时针方向转片厚减薄,右边按递时针方向转片厚增加,顺时针转片厚减薄,直到符合片剂硬度要求时,指示盘指针所指的数值即为片剂厚度。若片剂厚度有特定值,可直接调至片剂需要厚度,然后旋紧厚度调节表盘下端的把手,待填充调定后,检查片剂的厚度及硬度,再作适当的微调,直至合格。

4. 输粉量的调整 填充量调妥后,调整片粉的流量,首先旋转定位把手调挡粉板的开启度,以加料器后端有少量的回流片粉为宜;然后松开斗架侧面的螺钉,旋转斗架顶部的螺钉,调节料斗高低,从而控制片粉的流量,其高低位置一般以栅式加料器内片粉的积储量不外溢为合格,调整后,将斗架侧面的螺钉拧紧。

5. 速度调节 速度的选择对机器的使用寿命有直接影响,由于原料、片径大小、压力等各异,使用上不能作统一规定,因此,使用者必须根据实际情况确定。一般按片径及压力大小,片径大速度慢些,反之快些。压力大的宜慢,压力小的宜快。

 思考题

1. 简述片剂常用的赋形剂,各举例说明。

2. 制备碳酸氢钠片时,如何避免碳酸氢钠分解?

 实训考核

【片剂制备技能考核评价标准】

班级:　　　　　　姓名:　　　　　　学号:　　　　　　得分:

测试内容	技能要求	分值	得分
实训准备	着装整洁,卫生习惯好 正确选择所需的材料及设备,正确洗涤	5	
实训记录	正确、及时记录实验的现象、数据	10	
实训操作	按照实际操作计算处方中的药物用量,正确称量药物 按照实验步骤正确进行实验操作及仪器使用,按时完成	10	
	复方碳酸氢钠片的制备: (一)原辅料处理 取碳酸氢钠与淀粉通过 80 目筛,置乳钵中研磨混匀	10	
	(二)制湿粒 1. 10%淀粉浆制备:称取淀粉 5 g,缓缓加入纯化水 45 ml,水浴加热搅拌至(沸)糊化,冷却,备用 2. 软材制备:分次加入淀粉浆适量至碳酸氢钠乳钵中研匀使成软材 3. 湿颗粒制备:将软材于 16～18 目筛上,用手掌轻压过筛使成湿颗粒	15	
	(三)干燥、整粒 将湿颗粒置烘箱中,50 ℃以下烘干,干颗粒通过 18～20 目过筛整粒,加入 3%硬脂酸镁混匀	10	
	(四)压片 试压片、调片重、调压力,然后正式压片	15	
成品质量	本品为棕色或棕褐色的颗粒,颜色均匀一致,鉴别、粒度、水分、溶化性均应符合中国药典要求	10	
清场	按要求清洁仪器设备、实验台、摆放好所用药品	5	
实训报告	实训报告工整,项目齐全,结论准确,并能针对结果进行分析讨论	10	
合　计		100	

监考教师:　　　　　　　　　　考核时间:

(黄　平　黄继红)

实训十二 片剂的包衣生产

实训目标

在模拟仿真生产环境下完成片剂的包衣操作。要求：
1. 通过薄膜包衣片的制备，熟悉包薄膜衣片的工艺。
2. 熟悉包衣常见的问题及解决方法。

实训内容

一、相关知识

片剂包衣是指在片剂表面包上一层物料，使片内药物与外界隔离。包上的物料称为"衣料"，被包的压制片称为"片心"，包成的片剂称为"包衣片"。

（一）包衣的种类

片剂的包衣一般分为薄膜衣、糖衣、肠溶衣三种。

1. 薄膜衣　薄膜衣是指以高分子聚合物为衣料形成的薄膜衣片，又称保护衣。常用薄膜衣材料如下：羟丙基甲基纤维素（HPMC）、羟丙基纤维素（HPC）、聚乙烯吡咯烷酮、水溶性增塑剂等。

2. 糖衣　糖衣物料包括糖浆（有色糖浆）、胶浆、滑石粉、白蜡等。包糖衣工序为：包隔离层、粉衣层、糖衣层、有色糖衣层、打光。

（1）隔离层：包隔离层物料多用胶浆或胶糖浆，另加少量滑石粉，一般包4～5层。

（2）粉衣层（粉底层）：包衣物料为糖浆及滑石粉等，一般包15～18层。

（3）糖衣层：由糖浆缓慢干燥形成的蔗糖结晶体连接而成，一般包10～15层。

（4）有色糖衣层：为增加美观，便于区别不同品种的色衣或色层，一般包8～15层。

（5）打光：在包衣片衣层表面打上薄薄一层的虫蜡，使片衣表面光亮，且有防潮作用。

3. 肠溶衣　适用范围：凡药物易被胃液（酶）所破坏、对胃有刺激性，或需要在肠道发挥疗效者。

肠溶衣物料：必须具有在不同pH溶液中溶解度不同的特性，可抵抗胃液的酸性侵蚀，而到达小肠时能迅速溶解或崩解。常用肠溶衣物料主要有以下品种：①丙烯酸树脂Ⅱ号、Ⅲ号；②邻苯二甲酸醋酸纤维素（CAP）；③虫胶。

（二）包衣设备

高效包衣机整机由一台主机、一台热风机、一台排风机和 PLC（或 CPU）控制面板，糖浆气动搅拌机等主要部分组成（图 12-1、图 12-2）。

图 12-1　高效包衣机

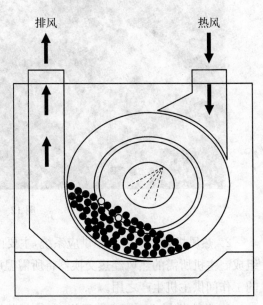

图 12-2　高效包衣机工作原理

1. 主机是包衣机的主要工作间，电机采用防爆电机，内有包衣滚筒（图 12-3），滚筒由不锈钢筛孔板组成，门上装有活动杆，杆端装有可调介质喷枪（图 12-4）（10 型以下单只喷枪、40 型单只喷枪、80 型两只喷枪、150 型三只喷枪）。滚筒的主传动系统为变频器控制的变频调速机，滚筒的两边设置热风进风风道与排风风道，风道均安装有亚高效或高效过滤器，确保进入工作间的热风级别达到 C 级以上。

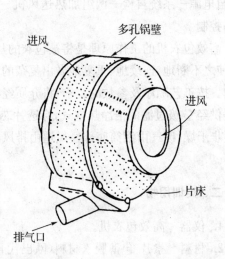

图 12-3　包衣滚筒内部结构及示意图

图 12-4 介质喷枪

2. 热风机是主机的热源供应系统,主要由低噪声轴流风机、过滤器、不锈钢 U 型加热器等组成。主机所需的热风经热交换器将所需温度加热至 80 ℃以上时,由热风机强制送入包衣机的工作间供主机生产之用。

3. 除尘排风机由离心通风机、壳体袋装过滤器、振动机构、集灰抽屉等组成。主要是通过排风机的工作使包衣滚筒工作区形成负压状态,再经过纺布袋装集灰后的废气排放,并使外排气体符合"GMP"之要求,其间除尘排风机的功率一定大于热风机的功率,振动电机主要为集灰之用。

4. 系统可编程序控制器(PLC)或轻触面板(CPU)安装在包衣机的主机上部,是整套设备的电器控制系统。全程控制、设定、显示整套机组的工作状态,其中程序控制器模拟量温控模块,自电源—系统自检—两组加热送风机—引风机—变频传动—振动电机—断路报警,全程设备与控制。

高效包衣机的工作原理是将被包衣的片芯在包衣机的滚筒内通过可编程序控制系统的控制,使之不断地、连续地、重复地做出复杂的轨迹运动,在运动过程中,由控制系统进行可编程序控制。按工艺顺序及参数的要求,将介质经喷枪自动地以雾状喷洒在片芯的表面,同时由热风柜提供经 C 级过滤的洁净热空气,穿透片芯空隙层,片芯表面已喷洒的介质和热空气充分接触并逐步干燥,废气由滚筒底部经风道由排风机经除尘后排放,从而使片芯形成坚固、光滑的表面薄膜。

二、实训用物

1. 仪器 高效包衣机。

2. 材料 素片 包薄膜衣材料(欧巴代 II 固体粉末)。

三、实训要点

（一）包衣液的配制

称取包衣材料 5 g，80％乙醇 95 g 置于配液罐（图 12-5）中，在搅拌状态下撒入包衣材料，以不结块为宜，且应一次性慢慢撒入，然后继续搅拌 45 分钟。

（二）包衣操作

取素片适量，置高效包衣锅内，通过操作面板（图 12-6）设定设备运行参数，启动设备；吹热风使素片预热至 40 ℃（图 12-7），调节介质喷枪的喷液量和喷液角度、形状（图 12-8、图 12-9），喷入包衣液，先吹 40 ℃热风 1～2 分钟，再改吹 60 ℃热风 5～10 分钟，干燥后再重复喷液、吹风干燥共 8～10 次，即得。

图 12-5　配液罐和蠕动泵

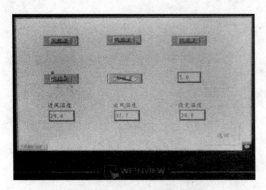

图 12-6　包衣机操作面板

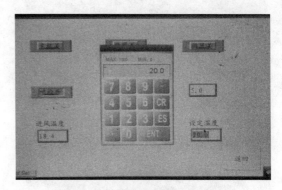

图 12-7　设定进风温度后吹热风

图 12-8　调节喷枪的喷液量

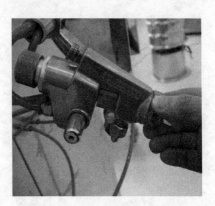

图 12-9　调节喷枪的喷液方向、形状

1. 要求素片较硬、耐磨,包衣前筛去细粉,以使片面光洁。

2. 包衣操作时,喷速与吹风速度的选择原则是:使片面略带润湿,又要防止片面粘连。温度不宜过高或过低:温度过高则干燥太快,成膜不均匀;温度太低则干燥太慢,造成粘连。

 思考题

1. 薄膜包衣材料应具备哪些条件,在包衣过程中哪些因素对包衣质量影响较大,如何控制、调整?

2. 什么情况下需要包衣?

实训考核

【片剂的包衣生产工艺技能考核评价标准】

班级：　　　　　姓名：　　　　　学号：　　　　　得分：

测试项目	技能要求	分值	得分
实训准备	着装整洁，卫生习惯好 正确选择所需的材料及设备，正确洗涤	5	
实训记录	正确、及时记录实验的现象、数据	10	
实训操作	按照实际操作计算处方中的药物用量，正确称量药物 按照实验步骤正确进行实验操作及仪器使用。按时完成	10	
	（一）包衣液的配制 称取包衣材料 5 g，80％乙醇 95 g，在搅拌状态下撒入包衣材料，以不结块为宜，且应一次性慢慢撒入，然后继续搅拌 45 分钟	20	
	（二）包衣操作 取素片适量，置高效包衣锅内，吹热风使素片预热至 40 ℃，喷入包衣液，先吹 40 ℃热风 1～2 分钟，再改吹 60 ℃热风 5～10 分钟，干燥后再重复喷液、吹风干燥共 8～10 次，即得	30	
成品质量	片面色泽是否均匀一致，表面是否有缺陷（碎片粘连和剥落、起皱和橘皮膜、起泡和桥接、色斑和起霜等）	10	
清场	按要求清洁仪器设备、实验台，摆放好所用药品	5	
实训报告	实训报告工整，项目齐全，结论准确，并能针对结果进行分析讨论	10	
合　计		100	

监考教师：　　　　　　　　　考核时间：

（黄　平　黄继红）

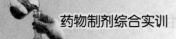

实训十三 胶囊剂的灌装生产

在模拟仿真生产环境下操作胶囊剂生产设备。

1. 掌握药用胶囊剂的制备工艺过程及主要生产设备。

2. 掌握药用胶囊剂灌装机的基本结构、操作方法。

3. 了解胶囊剂生产设备的日常维护应用和排除常见故障。

一、相关知识

胶囊剂生产工作一般要经过操作前准备、空心胶囊的准备、药物和辅料的处理、填充、套合、封口、胶囊剂的整理与抛光、包装、质检和结束的清洁清场等工序。硬胶囊剂的制备包括空胶囊的制备和药物填充两部分。

（一）空心硬胶囊

生产企业使用的空心硬胶囊一般均由空心胶囊厂提供，空胶囊的生产过程包括：溶胶、蘸胶、干燥、脱模、截割、整理（套合）。制备方法：手工操作和机器蘸胶、起模、干燥、脱模、截割半自动、全自动化生产。

1. 空心硬胶囊的储存 最理想的储存条件为相对湿度 50%，温度 21 ℃。由于空心胶囊使用明胶原材料的特性，其含水量的变化，依据环境的温度和湿度，在质量合理范围内，水分的增减是可逆的，出厂时的含水量在 13%～16%。

2. 空心胶囊的标准规格 目前国内外使用的空心胶囊规格已标准化。我国药用明胶硬胶囊标准共分 6 个型号，分别是 0 号、1 号、2 号、3 号、4 号、5 号，其号数越大，容积越小。硬胶囊制剂常用的规格是 0 号、1 号、2 号、3 号四种。

（二）硬胶囊填充机

1. 胶囊填充机分类与填充方式 本次实训项目操作的胶囊填充机采用的是填塞式间歇定量法（见图 13-1）。该法采用填塞杆逐次将药物装粉夯实在定量杯里，最后在转换杯里达到所需填充量。这种填充方式的优点是装量准确，误差可在 ±2% 之内，特别对流动性差的和易黏的药物，通过调节压力和升降填充高度可调节填充质量。

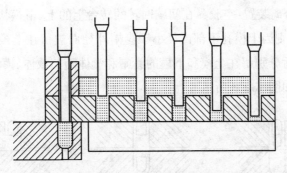

图 13－1　填塞式定量法

2. **胶囊填充机的结构分析**　胶囊填充的工艺过程不论间歇式或连续式胶囊填充机,其工艺过程几乎相同,仅仅是执行机构的动作有所差别。机器灌装原则上需要如下装置:

(1) 供给装置

①空胶囊落料装置:空胶囊落料供给装置是把空胶囊从胶囊漏斗连续不断地供给方向限制部的装置。帽、体预锁的空胶囊是在孔槽落料器中移动完成落料动作的。孔槽落料器本身在驱动机构带动下做上、下滑动的机械运动;落料器上下滑动一次,完成一次空胶囊的输送、截止动作。落料器输出的空胶囊落入整向装置(又称顺向器)的接受孔中。

②填充药粉的供给装置:药粉的供给装置通常由独立电动机带动减速器输出轴连接的输粉螺旋,进料斗(盛粉斗)中的药粉或颗粒按定量要求供入剂量盛粉器腔内,借助于转盘的转动和搅粉环,将粉粒体供给填充装置的接收器(即剂量环),实现药粉供给。

(2) 方向限制装置:方向限制装置又称顺向器或整向器。灌装工艺要求胶囊在进入胶囊夹具前必须实现定向排列,这样就要求设置一个整理方向的整向装置。方向限制的原理是:利用囊身与囊帽的直径差和排斥力差,使空胶囊通过比囊帽外径稍窄一点的槽,完成二次顺向,使之落入重合且对中的上下模块(胶囊的夹具)孔中,以便下步分囊动作。其落料及整向过程如图 13－2所示。

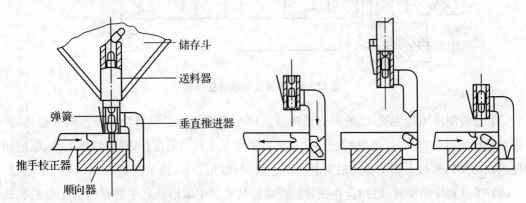

图 13－2　落料整向过程(囊帽在上、囊体在下)

储存斗

送料器

弹簧

垂直推进器

推手校正器

顺向器

（3）囊体与囊帽分离装置：空胶囊在间歇回转的转台上的上、下模块中，由真空吸口把胶囊体吸向下模中，胶囊帽则因上模孔下部内径小于囊帽外径而被留在上模孔中，从而实现了胶囊帽与体的分离。分离后分别留在上模和下模的囊帽和囊体随其载体、模块进一步分离。真空分离胶囊帽与体的装置如图 13-3 所示。

图 13-3　真空分离胶囊帽与体的装置示意图

（4）填充装置（送粉计量机构）：已经垂直分离的胶囊帽、体，随着转台的间歇运转，模块沿径向再度分离。载胶囊帽的上模块向内且向上让位，载胶囊体的下模块依次间歇回转到填充部位，由填充装置填充药物。

填塞式间歇定量法的计量送粉属于冲压式灌装，又称间接式，如图 13-4 所示。目前，它是各种机型中送粉计量最理想的装置。

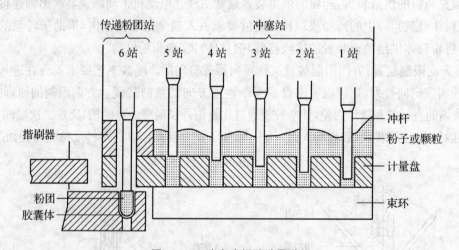

图 13-4　冲塞式间歇计量送粉

（5）胶囊帽体闭合装置：已填充的囊体应立即与囊帽扣合。欲扣合的胶囊帽和囊体，需将囊帽与囊体通过各自夹具（模块）重合对中，然后驱动下夹具内的顶杆，顶住囊体上移，驱使扣合囊身入帽；同时，被推上移的囊体沿夹具孔道上滑，与帽扣合并，锁紧胶囊，如图 13-5 所示。

（6）排出和导向装置：已扣合和锁紧的胶囊需从夹具中取出。它主要靠排囊工位的驱动机构带动的顶囊顶杆（叉杆，比合囊顶杆长）上移，将仍保留在上夹具中的合囊成品顶出模孔。已被顶出上模孔的成品胶囊在重力作用下倾斜，此时导向槽上缘设有压缩空气出口，吹出的气体使已出模的胶囊成品倒向导向器。胶囊在风力和重力作用下滑向集囊箱中。

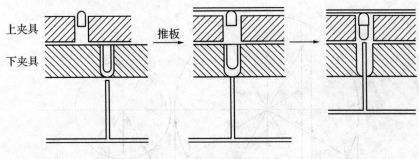

图 13-5 胶囊闭合装置原理图

3. 全自动胶囊填充机

(1)结构：NJP-400 型全自动胶囊填充机如图 13-6 所示，它由机架、胶囊回转机构、胶囊送进机构、粉剂搅拌机构、粉剂填充机构、真空泵系统、传动装置、电气控制系统、废胶囊剔出机构、合囊机构、成品胶囊排出机构、清洁吸尘机构、颗粒填充机构组成。

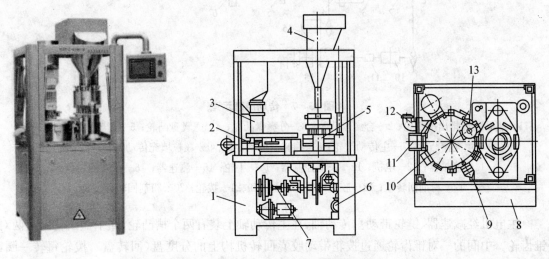

图 13-6 NJP-400 型全自动胶囊填充机

1—机架；2—胶囊回转机构；3—胶囊送进机构；4—粉剂搅拌机构；5—粉剂填充机构；

6—真空泵系统；7—传动装置；8—电气控制系统；9—废胶囊剔出机构；

10—合囊机构；11—成品胶囊排出机构；12—清洁吸尘机构；13—粒填充机构

(2) 传动原理:见图 13 - 7。

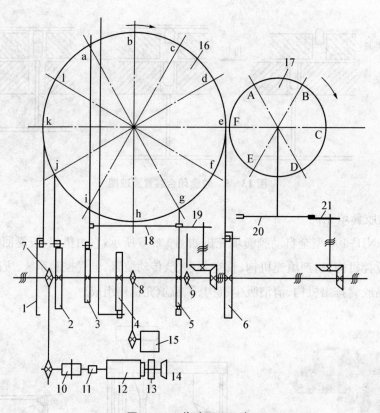

图 13 - 7 传动原理示意

1—成品胶囊排出槽凸轮;2—合囊盘凸轮;3—分囊盘凸轮;4—送囊盘凸轮;5—废胶囊剔出盘凸轮;
6—粉剂填充槽凸轮;7—主传动链轮;8—测速器传动链轮;9—颗粒填充传动链轮;10—减速器;
11—联轴器;12—电机;13—失电控制器;14—手轮;15—测速器;16—胶囊回转盘;
17—粉剂回转盘;18—胶囊回转分度盘;19、21—拨轮;20—粉剂回转分度盘

主电机经减速器、链轮带动主传动轴,在主传动轴上装有两个槽凸轮、四个盘凸轮以及两对锥齿轮。中间的一对锥齿轮通过拨轮带动胶囊回转机构上的分度盘(回转盘),拨轮每转一圈,分度盘转过 30°。回转盘上装有 12 个滑块,受上面固定复合凸轮的控制,在回转的过程中分别做上、下运动和径向运动。右侧的一对锥齿轮通过拨轮带动粉剂回转机构上的分度盘,拨轮每转一圈,分度盘转动 60°。胶囊回转盘有 12 个工位,分别是:a~c 送囊与分囊,d 颗粒填充(需安装相应设备),e 粉剂填充,f、g 废胶囊剔出,h~j 合囊,k 成品胶囊排出,i 吸尘清洁。粉剂回转盘有 6 个工位,其中 A~E 为粉剂计量填充位置,F 为粉剂充入胶囊体位置。目前国内有的分装机取消颗粒填充,将回转盘简化为 10 个工位,并从结构上作了改进,但胶囊填充原理是相同的。

主传动轴上的成品胶囊排出槽凸轮通过推杆的上下运动将成品胶囊排出,盘凸轮通过摆杆的作用控制胶囊的锁合,盘凸轮通过摆杆的作用控制胶囊的分离,盘凸轮通过摆杆的作用控制胶囊的送进运动,盘凸轮通过摆杆的作用将废胶囊剔出,槽凸轮通过推杆的上下运动控制粉剂的填充。主传动轴上还有两个链轮,一个带动测速器,另一个带动颗粒填充装置。

（3）主要技术参数

生产能力:4 万粒/h	装量误差:±5%
主电机功率:2.00 kW	送料机功率:0.28 kW
吸尘机功率:1.180 kW	外形尺寸:700 mm×800 mm×1 700 mm

二、实训用物

1. 设备　电子秤、NJP-400 胶囊填充剂。

2. 材料　机用空胶囊(帽、体预锁),淀粉、糊精为辅料的空白药粉。

三、实施要点

（一）操作前准备

1. 生产人员按进出一般生产区更衣规程,进出 C 级洁净区人员更衣规程进行更衣。

2. 检查生产车间是否有清场合格标志,并在有效期内。否则按清场标准操作规程进行清场并经 QA 质监员检查合格后,填写清场合格证,才能进行下一步操作;将"清场合格证"附入批生产记录。

3. 检查设备是否有"正常""已清洁"标牌,并对设备进行检查,确认正常,方可使用。

4. 根据"批生产指令"填写领料单,到仓储领取物料。

5. 挂"运行中"状态标志,进入操作。

（二）生产操作

1. 开机前准备工作　开机前要把机器检查一遍,并用手柄转动主电机轴,使机器运转 1～3 个循环后将电源总开关打开,控制面板(图 13-8)上电源指示灯亮。试运行调试机器时,应将功能开关置"点动"位置,这时主电机和加料电机都处于点动工作状态,待机器运转正常后,将功能开关置于"自动"位置,此时主电机和加料电机都处于自动状态,并且加料电机由料粉传感器控制其工作和停止。

2. 安放空胶囊囊壳　将帽、体预锁的空胶囊有设备上端装入胶囊漏斗中,关闭胶囊下料限位滑块,打开胶囊漏斗下挡板。

3. 调整设备运行参数　在点动状态时,先按真空泵工作方键,指示灯亮,真空泵电机启动运转,主电机和加料电机处于点动工作方式,即按住分键则运行,松手则停止。

4. 计数器调整(调零)。

5. 胶囊填充速度调整(调整频率)。

6. 开机运行　在自动状态时,先按"真空泵工作键",再按"主机运行键",机器开始正常自动运行(当需立即停机时,可按紧急开关按钮,机器会立刻停机,并自锁。重新开机,要按

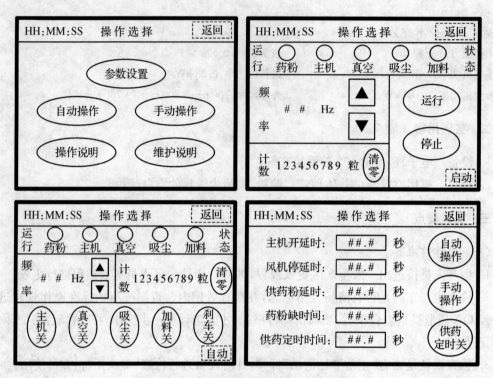

照箭头方向旋转打开紧急开关的自锁。然后再按"真空泵工作"和"主机运行"键,机器又开始运行)。

图 13-8 控制面板

（三）生产结束

1. 将剩余空胶囊囊壳收集,标明状态,交中间站。

2. 按《胶囊填充机设备清洁操作规程》、《胶囊生产车间清场操作规程》对设备、工作间进行清洁消毒。

3. 填写清场记录,经 QA 质监员检查合格,在批生产记录上签字,并签发"清场合格证"。

NJP-400 型全自动胶囊充填机常见故障方法

故障状态	故障原因	排除方法
送囊缺粒	残次胶囊堵塞送囊板进口	用胶囊通针剔除,将其清理出胶囊罐
	送囊开关过大或过小	调正送囊开关位置
	卡囊片损坏或位置不均匀	更换卡囊片或将用度修正均匀
胶囊入模孔成品率低	水平又太前或太后	调正水平又位置
胶囊分离时飞帽	真空度过大	调整真空阀,适量减低真空度
胶囊未能正常分离	真空度过小	调整真空阀,适量增加真空度
	模孔积垢	清洗上、下模孔
	模孔同轴度不对	用上、下模块芯棒校正同轴度
	胶囊碎片堵塞吸囊头气孔	用小钩针清理胶囊碎片
	模块损坏	更换模块
	真空管路堵塞	疏通真空管路
胶囊锁合出现擦皮、凹口	模孔同轴度不对	用上、下模块芯棒校正同轴度
	锁囊顶针弯曲	调整或更换锁囊顶针
	顶针端面积垢	清洗顶针端面
	顶针高度偏高	调整顶针高度
	模孔损坏或磨损	更换模块
锁紧不到位	锁囊顶针偏低	调整锁囊顶针高度
	充填过量	请药厂调整工艺
主机故障停机	离合器摩擦片过松	调整摩擦片压力
	剂量盆下平面与铜环上平面摩擦力增大	降低生产环境相对湿度 调整剂量盘下平面间隙

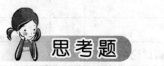

1. 硬胶囊的填充生产的工序流程是什么?

2. 在硬胶囊的填充生产中需要注意的事项有哪些?

实训考核

【硬胶囊的填充生产技能考核评价标准】

班级：　　　　姓名：　　　　学号：　　　　得分：

测试内容	技能要求	分值	得分
操作前准备	穿好工作服,戴好工作帽	5	
	核对本次生产品种的品名、批号、规格、数量、质量,检查胶囊填充所用物料是否符合要求及空胶囊规格、颜色是否符合要求	5	
	检查循环水真空泵是否注水	5	
	正确检查胶囊填充设备的状态标志。主机空转:向外拉(释放胶囊壳结构)→摇把逆时针摇一圈→拔掉摇把→向里推(释放胶囊结构)	10	
	开机前检查是否有空胶囊壳。准备好总混物料,上料;检查容器是否清洁并放适当的位置,准备好天平	5	
	开机试运行时检查真空眼是否堵塞	5	
生产操作	开机试运行:开总电源→开全自动胶囊填充机电源→点击进入键→消音键→进入系统→出厂设置→参数"100"→返回键→控制面板→点动主机(转动1～2圈)→按手动键→加料键(上)(下)→开吸尘器→开真空泵→开主机→运行2～3圈→全线停止	10	
	检查装量:知道装量不合格如何调节	5	
	全自动生产:关闭四门→按自动键→胶囊机每分钟生产能力参数的设定→开主机运行	10	
	知道每隔一定时间检查一次装量	5	
	生产结束后的关机顺序:全线停止→关吸尘器→关机器电源	10	
	处理充填好的胶囊,清理胶囊填充机上的余料	5	
清场	操作完毕,将填充好的胶囊装入洁净的盛装容器内,容器内、外贴上标签,注明物料品名、规格、批号、数量、日期和操作者的姓名	5	
	按清场程序和设备清洁规程清理工作现场	5	
	如实填写各种记录	5	
实训报告	实训报告工整,项目齐全,结论准确,并能针对结果进行分析讨论	5	
合　计		100	

监考教师：　　　　　　　考核时间：

（黄　平　黄继红）

实训十四　颗粒剂的包装生产

 **实训目标**

在模拟仿真生产环境下操作颗粒剂包装设备完成包装工作。

1. 掌握药用颗粒剂的包装工艺过程及主要包装生产设备。
2. 掌握药用颗粒包装机设备的基本结构、操作方法。
3. 了解胶颗粒包装机设备的日常维护应用和排除常见故障。

 **实训内容**

一、相关知识

包装是固体制剂生产的最后一道工序。对于胶囊剂或片剂的包装类型主要有三类：①自动制袋装填包装；②泡罩式包装；③瓶包装或袋装之类的散包装。袋成型充填封口包装（简称袋包装）是将卷筒状的挠性包装材料制成袋，充填物料后，进行封口切断。

1. 自动制袋装填包装机的分类　自动制袋装填包装机的类型多种多样，总体分为立式和卧式两大类。按制袋的运动形式分为间歇式和连续式两大类。包装片剂、冲剂、粉剂时，广泛采用国产立式自动制袋装填包装机，有如下几类：立式间歇制袋中缝封口包装机、立式连续制袋三边封口包装机（图14-1）、立式双卷膜制袋和单卷膜等分切对合成型制袋四边封口包装机等。

2. 立式连续制袋装填包装机的结构和原理　立式连续制袋装填包装机有一系列型号，适用于不同物料和多种规格范围的袋型。典型的立式连续制袋装填包装机如图14-1所示。

整机包括七大部分：传动系统、膜供送装置、袋成型装置、纵封装置、横封及切断装置、物料供给装置以及电控检

图14-1　DK-80颗粒包装机

测系统,如图 14 - 2 所示,工作原理见图 14 - 3。

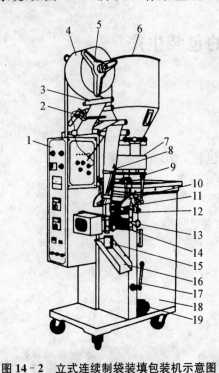

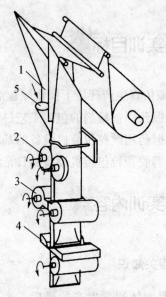

图 14 - 2 立式连续制袋装填包装机示意图

1—电控柜;2—光电检测装置;3—导向辊;
4—卷筒薄膜;5—退卷轴架;6—料斗;7—定
量供料器;8—制袋成型器;9—供料离合手
柄;10—成型器支架;11—纵封滚轮;12—纵
封调节旋钮;13—横封调节旋钮;14—横封
辊;15—包装成品;16—成品导流槽;17—横
封离合手柄;18—机箱;19—调速旋钮

图 14 - 3 常见立式自动制袋装填包装机示意图

1—U 形板成型器;2—纵封辊;3—横封辊;
4—切刀;5—充填管

　　DK-80 颗粒包装机(主要参数见下表 14 - 1)可自动完成计量、充填、成型、制袋、切断、输送等全过程,该产品的特点是计量准确、操作简单、维修方便,用户可在使用过程中充分体验这一点。在拉袋环节,采用 PIC 单片机技术;对应的传动机构采用步进电机传动,使其精确度更好。

表 14 - 1 DK-80 袋装机主要参数

项　目	主要参数
设备型号	DK-80
包装速度	40～80(袋/分)
包装容量	1～50 ml
制袋尺寸	长度:50～180 mm;宽度:50～125 mm;
计量精度	±4%

续表 14 - 1

项　目	主要参数
包材尺寸	500（外径）
电源电压	380 V＋N，三相四线
功率消耗	1 600 W
外形尺寸	650 mm×750 mm×1 600 mm（长×宽×高）
机器重量	170 kg

3. 包装机的包装基本工艺流程　制袋装填包装机常用于包装颗粒冲剂、片剂、粉状以及半流体物料。其特点是直接用卷筒状的热封包装材料，自动完成制袋、计量和充填、排气或充气、封口和切断等多种功能。

自动制袋装填包装机普遍采用的包装基本工艺流程为：

（1）制袋：包装材料引进、成型、纵封，制成一定形状的袋。

（2）计量与充填：将药物按一定量充填到已制好的袋中。

（3）封口：将已充填药物的袋完全封口。

（4）切断：将已封口的袋切成单个包装袋。切断与封口亦可同时进行。

（5）检测、计数：对包装袋检测并计数，有的机型无此工序。

二、实训用物

1. 设备　电子秤、电子天平、DK-80 颗粒包装机。

2. 材料　PVC 膜、淀粉、糊精为辅料的空白药粉。

三、实施要点

（一）操作前准备

1. 生产人员按进出一般生产区更衣规程，进出 C 级洁净区人员更衣规程进行更衣。

2. 检查生产车间是否有清场合格标志，并在有效期内。否则按清场标准操作规程进行清场并经 QA 质监员检查合格后，填写清场合格证，才能进行下一步操作；将"清场合格证"附入批生产记录。

3. 检查设备是否有"正常"、"已清洁"标牌，并对设备进行检查，确认正常，方可使用。

4. 根据批生产指令填写领料单，到仓储领取物料。

5. 挂运行状态标志，进入操作。

（二）生产操作

1. 开机前准备

（1）检查电源。本机采用 380 V＋N 三相四线制动力电源，内部控制回路及加热电路为 220 V，动力电源必须有零线，机器必须接地，以保证人身安全。

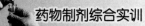

（2）打开机器右门，用手盘动主电机皮带，使分配轴至少转动2圈，观察机器运转是否灵活并无异响。

（3）将包装材料安装在架纸臂上。包装材料的中心要与成型器的中心一致，包材的印刷图案在外面。

2. 空袋调整

（1）在设备操作面板上（图14－4）依次打开电源开关、拉袋开关、启动开关，机器空载运行。观察输送带、皮带是否将袋送向外边，如果不是，将电源插头倒相。

图14－4　设备操作面板

（2）温度的设定：考虑到横封温度要稍高于纵封温度。一般温度设定如下（见表14－2）：

表14－2　袋装机主要包装材料热封温度

包装材料类型	设定温度数值
纸聚/乙烯	180 ℃
铝箔/聚乙烯	180 ℃
玻璃/聚乙烯	180 ℃
涤纶/聚乙烯	100 ℃
BOPP/聚乙烯	160～170 ℃
聚丙烯/聚乙烯	150 ℃

（3）热封压力的调整：本机热封压力出厂时已调好，用户一般不要动，如果的确是压力的问题造成封袋不严，才进行压力调整。首先将热封器（图14-5）停在封合状态，观察热封器的封合中心是否与拉纸轮的中心在一条线上。如果不在中心线上，要调在一条线上。调好后，拿一段包材试走一下，观察包材上的纹路清晰度，如果横封、纵封纹路不清晰，需要调节相应的压力。

图14-5　热封器

当横封压力不够时，首先将热封器停在张开状态，松开紧固螺钉，转动横封调整螺钉，然后拧紧紧固螺钉，两边的热封器要同时调，以保证热封器的对中性，再空走一段包材，仔细观察纹路是否清晰。当纵封压力不够时，调节方法同横封调节。如果纹路清晰，但袋还是封不严，可适当升高热封温度口。

（4）制袋的调整：如果袋封合后错边，要移动成型器向错边多的一侧移动。如果袋封合后起皱，要把成型器向起皱的一方上提，或向另一方下压。封合后的袋的纵封道纹路要多出拉纸轮纹路1 mm左右（图14-6），以保证封合质量。

（5）打料时机的调整

正确的打料时机应该是：热封器刚封合时，下料门也刚刚打开1/3。

调整步骤为：盘动主电机皮带，使热封凸轮转动至把大小齿轮分离，合上离合器，用手转动大齿轮，使离合器完全接触

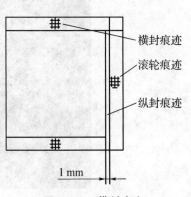

横封痕迹
滚轮痕迹
纵封痕迹
1 mm

图14-6　袋封痕迹

吻合,并使下料门与拨门杆分离。

此落料为正常落料时机,如果包装速度增加或减小,应提前或落后落料时机,使物料不应为时机的变化而造成横封的夹料。

(6)计量的调整:计量机构在包装机运行过程中起计量和充填物料作用。合上离合器后,计量盘(图14-7)逆时针转动,物料落入容杯中(图14-7),经刮平器刮平,当转到机器前方时,拨门杆将料门打开,物料落入成型器至包装袋中。容杯由上容杯和下容杯组成,通过转动调节螺环(图14-8),可以使下盘上下移动,从而改变容杯的容积,即计量的大小。

图14-7 计量盘和容杯模具

图14-8 调节螺环

(7)切刀的调整:本机切刀(图14-9)出厂时已调好,用户一般不要动。如果的确是切刀的问题造成切袋不断,才进行切刀调整。

图14-9 切刀机构

首先关闭总电源。稍微松开定刀的紧固螺钉,调节定刀的位置螺钉,使定刀慢慢向动刀靠近,同时要用手不停转动动刀,来感觉两刀的间隙,感觉两刀似接触未接触时,拿一段包材试切一下,如果切不断,要继续调节,正确的切断声音为"唰唰"声,而不是"咔咔"声,如果调成"咔咔"声,会损坏刀刃和切刀电机。整个调节过程要细心和耐心,一定要注意安全。声音正常后,拧紧紧固螺钉和位置螺钉。

3. DK-80 开机运行

(1) 将包装机接好电源,并注意 DXDK80 电控箱面板。

(2) 打开电源开关,此时指示灯亮。

(3) 将温控表设定在所需温度,10~20 分钟后,即可达到设定温度。

(4) 拉袋控制器的设置和使用:

①设定和修改拉袋长度。按 MOD 键进入参数设置状态,上排显示 STEP,下排显示数字 XXXX。此时按 ↑ 键或 ↓ 键,可设定当前的拉袋长度。

②设定或修改步进电机的转速。按 SET 键进入参数设置状态,上排显示 C-SP,下排显示数字 XXXX。此时按 ↑ 键或 ↓ 键,可设定当前的转速。

③调整步进电机升频速度。按 SET 键进入参数设置状态,上排显示 INTF,下排显示数字 XXXX。此时按 ↑ 键或 ↓ 键,可设定当前的升频速度,一般在 280 左右。

④调整步进电机启动频率。按 SET 键进入参数设置状态,上排显示 S-FR,下排显示数字 XXXX。此时按 ↑ 键或 ↓ 键,可设定当前的启动速度,一般在 580 左右。

⑤设置修改或调整完毕后,按 MOD 键回到初始状态,如只修改某个参数,完毕后直接按 MOD 键即可返回初始状态,表示设置修改完成,等待下一步操作。

(5) 制袋运行:以上步骤完成后,打开拉袋开关,打开启动开关,开始拉袋运行。制袋精度及质量合格后,则可准备打料包装。如果包装材料印有色标,则需要光电跟踪来配合控制器工作。

4. 打料包装运行 以上步骤完成后,打开充填开关,打开搅拌开关,打开启动开关,主机开始运行,现在可以加料运行 DK-80。

(三) 生产结束

1. 将生产好的药品包装袋收集,标明状态,交中间站,接下来进行外包装工序。

2. 按《包装机设备清洁操作规程》《包装机生产车间清场操作规程》对设备、房间进行清洁消毒。

3. 填写清场记录,经 QA 质监员检查合格,在批生产记录上签字,并签发"清场合格证"。

故障现象	故障原因	排除方法
包材被拉断	包材有接头;供纸电机不转;包材太薄;成型器不合适	除去接头;检查无触点开关和控制杆;换包材;换成型器
热封不严	压力不够;温度不够;封道夹料	调压;升温;调整落料时机
袋长误差太大	光电头不识别;光电头误识别;成型器不顺畅;控制器参数设置不合适	调光电头灵敏度;换光电头;换成型器;重新设定参数
袋切不断	定刀与动刀的刀刃距离过大;刀刃变钝	调刀;磨刀
袋外形不正	切刀位置与走袋方向不垂直或热封器不正	调整切刀位置或调整热封器
机器不启动	保险丝烧断;线松脱;接线端接触不实;电源缺相	更换;拧紧;拧紧;检修电路
供纸电机不转或总转	接近开关坏;电源板烧坏;启动电容坏;线松脱;保险丝断	更换
拉袋步进电机不拉袋	接近开关与拉袋凸轮距离远;接近开关坏;驱动器坏	调整距离;更换
温控表无温度显示	电热管坏;热电偶坏;温控表坏;保险丝断	更换

 思考题

1. 硬胶囊填充生产的工序流程是什么?

2. 在硬胶囊的填充生产中需要注意的事项有哪些?

【颗粒包装机的包装生产技能考核评价标准】

班级：　　　　　姓名：　　　　　学号：　　　　　得分：

测试内容	技能要求	分值	得分
生产前准备	穿好工作服,戴好工作帽	5	
	核对本次生产品种的品名、批号、规格、数量、质量,检查颗粒包装所用物料是否符合要求,核对复合膜	5	
	正确检查颗粒包装设备的状态标志,能够排除常见的故障	5	
	按照生产指令规定的品种、规格、数量投料,将总混好物料倒入加料斗内,准备好容器,要求干净,清洁无异味	5	
	对颗粒包装机上纸	5	
生产操作	接总电源,开机器电源后,纵封与横封辊加热器即可通电。调整纵封横封温度控制器旋钮,设置所需要的温度	10	
	设置包装袋长度、袋速等参数(功能键)	10	
	按输纸键→调节光点→启动主机→打开离合器手柄下料,试封几袋	10	
	检查装量、封口、切刀是否均匀	5	
	正式生产:启动,开离合器下料,10～15分钟称重一次	5	
	颗粒包装完成后关闭离合器手柄→按停止→关闭电源→关闭总开关	10	
清场	操作完毕,将包装好的颗粒剂装入洁净的盛装容器内,容器内外贴上标签,注明物料品名、规格、批号、数量、日期和操作者的姓名	5	
	将生产所剩的尾料收集,标明状态,交中间站	5	
	按清场程序和设备清洁规程清理工作现场	5	
	如实填写各种记录	5	
实训报告	实训报告工整,项目齐全,结论准确,并能针对结果进行分析讨论	5	
合　计		100	

监考教师：　　　　　　　　　考核时间：

（黄　平　黄继红）

实训十五　胶囊的包装生产

在模拟仿真生产环境下完成胶囊剂的包装工作。

1. 掌握药用胶囊剂的包装工艺过程及主要包装生产设备。

2. 掌握药用胶囊剂泡罩包装机设备的基本结构、操作方法。

3. 了解胶囊剂泡罩包装机设备的日常维护应用和排除常见故障。

一、相关知识

药品包装是指选用适宜的包装材料或容器,利用一定技术对药物制剂的成品进行分(灌)、封、装、贴签等加工过程的总称。对药品进行包装,就是为药品在运输、贮存、管理和使用过程中提供保护、分类和说明。

（一）药物制剂包装机械的分类

对于胶囊剂或片剂的包装类型主要有三类:①自动制袋装填包装;②泡罩式包装(PTP,又称为水泡眼包装);③瓶包装或袋装之类的散包装,瓶包装包括玻璃瓶和塑料瓶包装。

1. 自动制袋装填包装机(详见颗粒剂的包装任务)　袋成型充填封口包装(简称袋包装)是将卷筒状的挠性包装材料制成袋,充填物料后,进行封口切断。自动制袋装填包装机常用于包装颗粒冲剂、片剂、粉状以及流体和半流体物料。其特点是直接用卷筒状的热封包装材料,自动完成制袋、计量和充填、排气或充气、封口和切断等多种功能。

2. 泡罩式包装机　药用铝塑泡罩包装机又称热塑成型泡罩包装机,简称为泡罩式包装机。它用来包装各种几何形状的口服固体制剂,如片剂、胶囊剂、丸剂等。本次实训课程使用的是DDP-140A 平板式铝塑泡罩自动包装机(图 15-1)。

（1）泡罩式包装机的工艺流程

在成型模具上加热使 PVC 硬片变软,利用真空或正压,将其吸(吹)塑成与待装药物外形相近的形状和尺寸的凹泡,再将单粒药物放置于凹泡中,以铝箔覆盖后,用压辊将无药处(即无凹泡处)的塑料片与贴合面涂有热熔胶的铝箔挤压结成一体,然后根据药物的常用剂量,按若干粒药物的设计组合单元切割成一个板块(多为长方形),就完成了铝塑包装的过程。

图 15‑1 DPP‑140A 平板式铝塑泡罩包装机

在泡罩包装机上需要完成 PVC 硬片输送、加热、凹泡成型、加料、盖材印刷、压封、批号压痕、冲裁等工艺过程,如图 15‑2 所示。

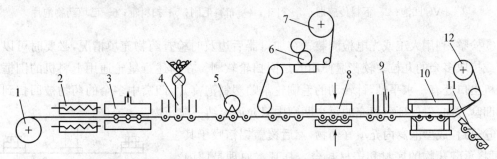

图 15‑2 泡罩包装机工艺流程图

1—PVC 辊;2—加热器;3—成型装置;4—布药机构;5—检整装置;6—盖材印字;

7—铝箔辊;8—热封装置;9—压痕;10—裁切装置;11—成品;12—余料

①PVC 硬片输送:泡罩包装机是一种多功能包装机,设置若干组 PVC 硬片输送机构,其作用是使其通过上述各工位,完成泡罩包装工艺。

②加热:PVC 硬片较易成型的温度范围为 110～250 ℃。此温度范围内 PVC 硬片具有足够的热强度和伸长率。温度的高低对热成型加工效果和包装材料的延展性有影响,因此要求控制温度相当准确。

③成型:吹塑成型(正压成型):DDP‑140A 平板式铝塑泡罩自动包装机利用压缩空气形成 0.3～0.6 MPa 的压力,将加热软化了的薄膜吹入成型模的窝坑内,形成需要的几何形状的泡罩(图 15‑3)。模具的凹槽底设有排气孔,当塑料膜变形时,膜与模之间的空气经排气

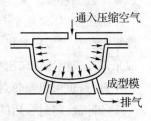

图 15‑3 泡罩成型方式示意图(吹塑成型)

孔迅速排出。正压成型的模具多制成平板形,平板的尺寸规格可根据生产能力的要求确定。

④加料充填:向成型后的泡罩窝中充填药物有多种形式的加料器,并可以同时向一排(若干行)凹窝中装药。本机所采用的行星软刷推扫器,是利用调频电机带动简单行星轮系的中心轮,再由中心轮驱动三个下部安装有等长软毛刷的等径行星轮,做既有自转又有公转的回转运动。行星运动的毛刷将落料器落下的药片或胶囊推扫到间歇移动到位的泡罩片凹窝带中,完成布料动作(图15-4)。

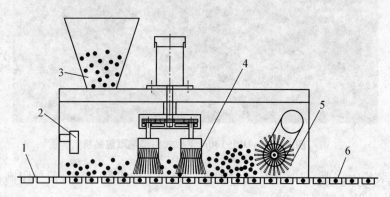

图15-4 行星轮通用上料机示意图

1—PVC凹泡;2—下料传感器;3—料斗;4—布料毛刷;5—扫料辊;6—已填药物泡片

⑤检整:利用人工或光电检测装置在加料器后边及时检查药物充填情况,必要时可以人工补片或拣取多余的丸粒。较普遍使用的是回扫轮软刷。在前述行星轮通用上料机的围框靠近上料机出口处有一水平轴,针转动的毛刷轮紧贴塑料泡窝片,凹窝中多余的药物被回扫到未填充的凹窝方向,以保证已填充的每个凹窝中只允许容纳一粒药物。

⑥热封:成型泡窝内充填好药物,然后覆盖铝箔膜于其上,再将承载药物的底材和盖材封合。其基本原理是使内表面加热,然后加压使其紧密接触,形成完全焊合,在很短时间内完成热封动作。板压式热封是在准备封合的材料到达封合工位时,通过加热的热封板和下模板与封合表面接触,将其紧密压在一起进行焊合,然后迅速离开,完成一个包装工艺循环(图15-5)。

⑦压痕:压痕包括打批号和压易折痕。行业标准中明确规定药品泡罩包装机必须有打批号装置。包装机打印一般采用凸模模压法印出生产日期和批号。打批号可在单独工位进行,也可以与热封同工位进行。

⑧冲裁:将封合后的带状包装成品冲裁成规定的尺寸,称为冲裁工序。无论是纵裁还是横裁,都要以节省包装材料,尽量减少冲裁余边或者无边冲裁,并且要求成品的四角

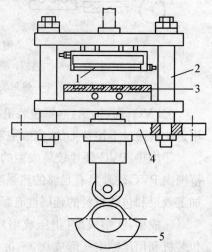

图15-5 板压式热封结构图

1—上热封板;2—导柱;3—下热封板;
4—底板;5—凸轮

冲成回角,以便安全使用和方便装盒。

(2)泡罩包装机的结构

平板式泡罩包装机是目前应用较为广泛的铝塑包装机。在结构上,泡罩成型和热封合模具均为平板形,如图15-6所示。

①工作原理:PVC片通过预热装置预热软化,在成型站中吹入高压空气或先以冲头预成型再加高压空气成型为泡窝;PVC泡窝片通过上料器时自动充填药品于泡窝内,在驱动装置作用下进入热封装置,使得PVC片与铝箔在一定温度和压力下密封;最后由冲裁站冲剪成规定尺寸的板块。

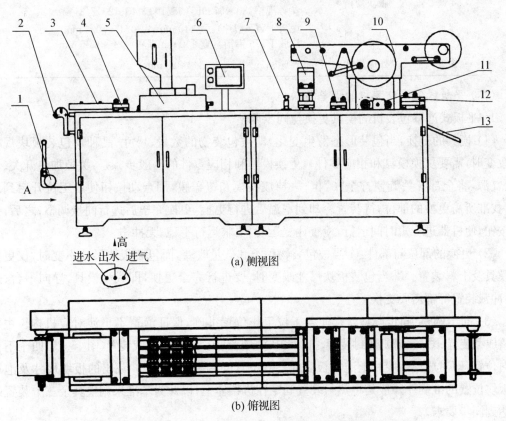

(a) 侧视图

(b) 俯视图

图 15-6　DPP-140A 平板式铝塑泡罩自动包装机结构示意图
1—PVC放料器；2—PVC压料滚轮；3—加热箱；4—成型机构；5—加料器；
6—触摸屏；7—铝箔压料滚轮；8—热封机构；9—压痕机构；
10—送、收料装置；11—牵引机构；12—冲裁机构

②参数:PVC片材宽度有 210 mm 和 170 mm 等几种。PVC泡窝片运行速度可达 2 m/min,最高冲裁次数为 30 次/min。平板式铝塑泡罩自动包装机的设备主要参数见表15-1。

③特点:各工位都是间歇运动;热封时上、下模具平面接触,要有足够的温度和压力以及封合时间;不易高速运转,封合的牢固程度和效果逊于滚筒式,适用于中小批量药品包装;泡窝拉

伸比大,深度可达 35 mm,满足大蜜丸、医疗器械行业的需求。

表 15-1 DPP-140A 平板式铝塑泡罩包装机参数表

序 号	项目	技术参数
1	冲裁频率	10~50 次/min,1~3 版/次(变频可调) (行程>80,泡眼深度>10)
2	生产能力	标准版计算:7 200 版/小时 (按 3 版/次,冲裁频率:40 次/分)
3	行程可调范围	标准 10~120 mm,最大行程 160 mm
4	版块规格	标准:80 mm×57 mm 参考规格:80×57、95×65、103×43、120×43
5	包装材料	无毒 PVC(塑片):宽 140 mm、厚 0.15~0.5 mm 涂胶 PTP(铝箔):宽 140 mm、厚 0.02~0.35 mm
6	外形尺寸	2 050 mm×526 mm×1 320 mm

(二)平板式泡罩包装机的调整与操作

1. 平板式泡罩包装机的模具更换与同步调整

(1)模具的更换:当包装形态发生变化,即被包装物的数量、尺寸、品种及包装板块规格发生改变时,需要更换模具和相应零件。更换模具和相应零件的一般步骤是:关掉加热开关、切断水、气源,将全部开关旋钮拧至"0"位;去掉成型模和覆盖膜,用点动按钮使各工位开启到最大值;找准所需更换的部位,待装置冷却到室温后进行更换,更换完毕后进行同步调整;之后,按点动按钮,使机器进行短时间运行,检查往复运动,要求运行平稳、无冲击。

(2)更换的部位与部件:①当被包装物种类和数量改变,而包装板块尺寸不变时,仅更换成型模具及上料装置。②当包装板块尺寸改变时,要进行完全更换,即成型模具、导向平台、热封板、冲裁装置等都需要更换。

(3)同步调整:同步调整就是使各工位工作位置准确,保证泡罩不干涉对应机构。主要是调整成型装置(图 15-7)、热封装塑、打印和压痕装置(图 15-8)、冲裁装置(图 15-9)四个下位的相对位置,即对成型后膜片上泡罩板块的整数位置的调整,以保证冲裁出的板块尺寸及泡罩相对板块位置的准确。一般是将热封装置固定在机架体上,以此为基准来调整其余三个装置的位置达到同步要求。

图 15-7 成型装置及其调距装置

图 15－8　热封装塑和压痕装置（通过内六角螺母调节相对位置）

图 15－9　冲裁装置及其调距装置

2. 平板式泡罩包装机的操作

（1）备好药品、包材，更换批号，装好 PVC 硬片及铝箔，检查冷却水，清洁设备。

（2）打开电源，接通压缩空气（图 15－10）。

（3）按下加热键，并分别将加热和热封温控表调至合适温度。

（4）将 PVC 硬片经过通道拉至冲切刀下，将铝箔拉至热封板下。

（5）加热板和热封板升至合适温度时，将冷却温度表调至合适温度（一般应为 30 ℃）。

（6）待药品布满整个下料轨道时，按下电机绿色按钮，开空车运行，待吹泡、热封和冲切都达到要求后，按下下料开关。

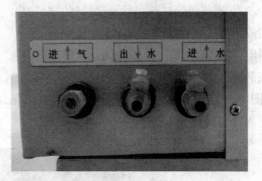

图 15－10　压缩空气管和冷却水管接口

（7）调节下料量，使下料合乎要求，进行正常包装。

（8）包装结束后，按以下顺序关机：按下下料关机按钮→按下电机红色按钮→主机停→关闭总电源开关→关闭进气阀→关闭进水阀；清理机器及现场，保养包装设备。

二、实训用物

1. 设备　DPP-140A 平板式铝塑泡罩包装机。
2. 材料　PVC、铝箔、胶囊。

三、实施要点

（一）操作前准备

1. 操作人员《按进出一般生产区更衣规程》《进出洁净区人员更衣规程》进行更衣。

2. 检查操作间是否有清场合格标志，否则按清场标准操作规程进行清场并经 QA 质监员检查合格后，填写清场合格证，才能进行下一步操作；将"清场合格证"附入批生产记录。

3. 检查包装设备是否有"正常"标示牌，并对设备进行检查，确认设备正常，方可使用。

4. 根据"批生产指令"填写领料单，到仓储领取包装材料。

5. 挂"运行"状态标志，进入操作。

（二）生产操作

1. 生产前准备工作　工作之前，使热封下模停在下点进行预热（避免热封下模带走网纹板热量，延长预热时间与降低下模冷却效果）。调整温控仪升降按钮（图 15-11），使上加热板温度显示为 110 ℃左右、下加热板为 100 ℃。热封时加热温度约为 140～160 ℃（具体按黏合的程度而定）。

2. 安放包装材料和包装物料（药物）　将装放于承料轴上（图 15-12）的 PVC 拉出，经送料辊、加热箱、成型上下模之间，再穿过加料器底部，经面板空档处时，同时与从铝箔承料轴上

图 15-11　温控调节按钮

（图 15-13）经转接辊而来的铝箔一起进入热封模具、压痕模具，再经过牵引、锁紧装置，其端部进入冲裁模具完成。

图 15-12　PVC 承料轴

图 15-13 铝箔承料轴及铝箔穿行位置

按下电机控制启动按钮(图 15-11),加热板、热封上模自动放下,并延时开机(配时间继电器,可调)观察塑料、铝箔运行情况,待成型良好后打开水源开关适度控制流量(水流量过小,会使下模过热,影响已成型的泡罩收缩),上述工作一切就绪,方可加料生产。

检查加料器上方的物料漏斗(图 15-14)的挡板是否关闭,将生产好的胶囊(或片剂)用物料铲盛入物料漏斗中,调节加料器(图 15-15)的转速到适宜的速度。

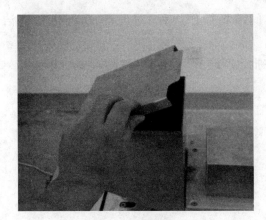 

图 15-14 物料漏斗　　　　　　　　图 15-15 调节加料器的转速

3. 调整设备运行参数　在设备控制面板(图 15-16)中触摸加速和减速按钮,来设置主机

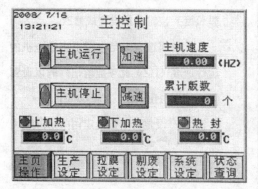 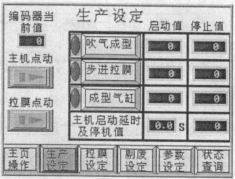

图 15-16 DPP-140A 平板式铝塑泡罩自动包装机控制面板示意图

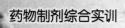

运行速度(Hz);触摸上加热按钮和下加热按钮,来设置对包装材料所需的温度(110 ℃左右);触摸热封按钮,用来设置对铝箔(PTP)热封所需的温度(约为140～160 ℃,具体按黏合程度而定)。

4. 计数调整　清零。

5. 包装速度调整　先按住主机点动,试运行设备,观察设备是否正常运行,试生产出的胶囊板是否合乎标准的要求。设备运行正常,即可按自动生产按键看似自动连续运行,设定主机频率到合适的数值,一般为15～20 Hz。

6. 运行生产

开机:开启总电源开关→电器按要求完成各自的指令→开启进气阀→上 PVC 塑料→装上铝箔→按工作开关键→开启进水阀→将被包装物加入料斗→开启加料器电源开关,开闸加料

停车:按下停机按钮,主电机停→关闭加料器电源开关→关闭电源总开关→关闭进气阀→关闭进水阀

(三) 生产结束

1. 将剩余包装材料收集,标明状态,交中间站。

2. 按《包装设备清洁操作规程》、《包装车间清场操作规程》对设备、房间进行清洁消毒。

3. 填写清场记录,经 QA 质监员检查合格,在批生产记录上签字,并签发"清场合格证"。

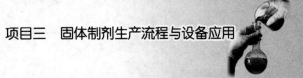

知识拓展

DPP-140A 全自动平板式铝塑泡罩包装机常见故障排除表

故　障	原　因	排除方法
泡罩成型不良	加热区温度过低或过高	调整控制温度
	空气压力不适宜	调节减压阀压力(0.6～0.8 MPa)
	冷却水流量过大,带走热量过多	调节水阀控制水流量
	减压阀滤芯堵塞	清洗或更换滤芯
	下模排气孔堵塞	用钢针疏通下模排气孔
	进气阀位置不当	调节进气阀位置
	成型上模硅质圈损坏	更换硅质圈
成型泡罩不能准确进入热封模孔,运行不同步	泡罩成型模与热封模有距离偏差	调节热封模箱体位置
	气夹压紧程度不均匀	调节气夹压力
	成型下模、热封下模冷却不良	适当加大冷却水流量
	成型模与热封模之间有阻卡	清除阻卡
	PVC 承料轴旋转不灵敏	清洗或更换承料轴轴承
	热封模温度过高	降低热封温度
	机械手移动行程过大或过小	调整机械手行程
PVC 行走偏移	PVC 承料轴安装位置不当	调整 PVC 承料轴中心与台面轨道中心对正
	机械手气夹轴线与轨道中心线不平行	调整机械手运行轨迹
热封不良	压力不足	向下调节热封上模位置,增加压力
	网纹板有污物	用铜丝刷清洗网纹板
	铝箔胶层不均匀	更换铝箔
铝箔起皱或出现偏移	铝箔与 PVC 啮合不整齐;铝箔转折辊与 PVC 未对齐或高低不平行	重新安装
	换模成型模热封模不平行,左右偏移	调整热封模、成型模位置使相互对齐
冲裁移位	冲模与热封模位置不一致,间距过大或过小	调整冲模箱体位置

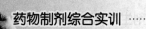
 思考题

1. 泡罩包装机的包装生产的工序流程是什么?

2. 在泡罩包装机的包装生产中需要注意的事项有哪些?

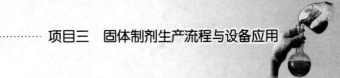

【硬胶囊的泡罩包装生产技能考核评价标准】

班级：　　　　　姓名：　　　　　学号：　　　　　　　得分：

测试内容	技能要求	分值	得分
操作前准备	穿好工作服,戴好工作帽	5	
	核对本次生产品种的品名、批号、规格、数量、质量,检查胶囊填充所用物料是否符合要求	5	
	检查电源、冷却循环水、压缩空气的管线是否连接	5	
	正确检查泡罩包装设备的状态标志;主机空转,调节吹塑模具和裁切模具的行程至合适的位置	10	
	开机前检查物料斗中是否有胶囊;准备好总混物料,上料。检查容器是否清洁并放适当的位置,准备好天平	5	
	开全自动泡罩包装机总电源,设定吹塑成型、热封的温度,等待设备预热完成;开机试运行时检查设备是否运转正常	5	
生产操作	开机试运行:开全自动泡罩包装机总电源→打开压缩空气阀门→进入操作系统→参数设置→返回键→控制面板→点动主机→按手动键→开冷却水→打开下料口→开吸尘器→开主机→运行2~3分钟→全线停止	15	
	检查包装胶囊板的质量,知道如何调节包装机	5	
	全自动生产:按自动键→包装机每分钟生产能力参数的设定→开主机运行	10	
	知道每隔一定时间检查一次装量	5	
	生产结束后的关机顺序:全线停止→关吸尘器→关机器电源	10	
	处理泡罩包装好的胶囊板,清理泡罩包装机上的余料	5	
清场	操作完毕,将泡罩包装好的胶囊板装入洁净的盛装容器内,容器内、外贴上标签,注明物料品名、规格、批号、数量、日期和操作者的姓名	5	
	按清场程序和设备清洁规程清理工作现场,填写各种记录	5	
实训报告	实训报告工整,项目齐全,结论准确,并能针对结果进行分析讨论	5	
合　计		100	

监考教师：　　　　　　　　　考核时间：

（黄　平　黄继红）

项目四　注射剂生产流程与设备操作

实训十六　小容量注射剂的生产流程与设备

实训目标

1. 掌握小容量注射剂的制备工艺。
2. 掌握超声波洗瓶机、隧道式灭菌干燥箱、安瓿灌封机的标准操作规程。
3. 了解相关设备的基本构造,并做好清洁养护工作。

实训内容

一、相关内容

（一）小容量注射剂实训设备介绍

1. 安瓿清洗设备

（1）立式超声波洗瓶机概述:超声波洗瓶机为立式转鼓结构,采用超声波清洗与水气交替压力喷射清洗相结合的方式,对安瓿瓶、西林瓶、口服液瓶等小容量瓶进行超声波粗洗、瓶内外壁精洗和压缩空气吹瓶的一系列清洗工作。清洗原理:将小容量玻璃瓶完全浸入水中,水在超声波的作用下产生空化现象,气泡爆炸产生强烈的机械作用力,这种机械化力使物体表面黏附牢固的污物脱落。

（2）工作原理

①进瓶装置:瓶子由倾斜的进瓶盘自动滑下,进入超声波清洗箱(1、2工位)。

②清洗装置:注满循环水的瓶子经 30～60 秒超声清洗后(水温在 50～60 ℃),在进入送瓶螺杆将瓶子分离并输送至提升转盘(3、4工位)。

③冲洗装置:转鼓的机械手将瓶子夹住并翻转 180°,瓶口朝下进入冲洗工位。分别完成纯化水倒置、洗瓶内外壁、压缩空气吹扫瓶内残水、注射用水倒置冲洗、压缩空气将瓶吹干(5～11工位)。

④出瓶装置：机械手将瓶子翻正，送至出瓶拨轮，出瓶拨轮将瓶子推出，瓶子进入出瓶盘或干燥机烘箱网带上(12、13 工位)。旋立式超声波洗瓶机工作示意图见图 16-1。

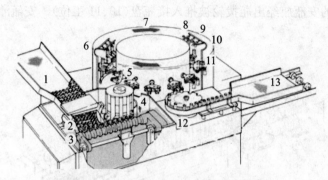

图 16-1　旋立式超声波洗瓶机工作示意图

1—进瓶盘；2—超声波换能头；3—送瓶螺杆；4—提升轮；5—瓶子翻转工位；

6、7、9—喷水工位；8、10、11—喷气工位；12—拨轮；13—滑道

2. 灭菌干燥设备　隧道式灭菌干燥箱由传送带、加热器、层流箱、隔热机架组成(见图 16-2)，采用热空气层流灭菌原理将安瓿按预热、高温灭菌、冷却的程序完成烘干、灭菌和除热原的过程。一般处于无菌灌装区的干热灭菌设备均应达到 B 级的洁净度要求。

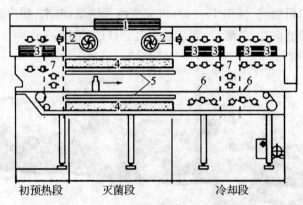

初预热段　　灭菌段　　　　冷却段

图 16-2　隧道式灭菌干燥箱示意图

1—过滤器；2—送风机；3—精密过滤器；4—排风机；

5—电热管；6—水平网带；7—排风管路

3. 安瓿灌装封口设备　灌封是指将静滤后的药液，定量地灌注进经清洗、干燥及灭菌处理的安瓿内并封口的过程。对于易氧化的药品，还要充填惰性气体。安瓿灌封机采用直线间歇的模式完成从绞龙送瓶、前充惰性气体(N_2)、灌装、后充惰性气体(N_2)、预热、拉丝封口到出瓶的全套生产过程。工作原理：

(1) 将灭菌的安瓿通过进瓶传输系统进入移瓶绞龙带(1~3 工位)。

(2) 充气针头瞬间插入安瓿内完成；灌装泵通过灌针将药液注入安瓿；再次充入惰性气体(4~6 工位)。

（3）安瓿瓶被火嘴吹出的混合燃烧气体加热（7工位），安瓿顶部再进一步受热软化被拉丝夹拉丝封口（7～9工位）。

（4）封好口后的安瓿瓶经出瓶拨轮被推入接瓶盘（10、11工位）。安瓿灌封机工作示意图见图16-3。

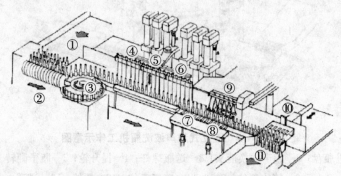

图16-3 安瓿灌封机工作示意图

1—进瓶盘；2—变距螺旋推进器；3—梅花盘；4、5、6—灌注充氮；

7、8、9—拉丝封口；10—推瓶；11—出盘

4. 安瓿洗灌封联动机组 安瓿洗灌封联动机组是由立式超声波清洗机、隧道式灭菌干燥箱、安瓿灌封机三台单机组成（见图16-4），可完成网带输瓶、淋水、超声波清洗、冲水、冲气、预热、烘干灭菌、冷却、灌装前充氮、灌装、灌装后充氮、封口等工序。

图16-4 安瓿洗灌封联动机组

联动机组的特点：

（1）结构合理，占地面积小。

（2）智能化控制系统，生产过程自动化、效率高，操作、维护简易。

（3）生产过程是在密封或层流条件下进行，防止交叉污染，符合GMP要求。

（二）注射剂常用附加剂及容器

1. 注射剂的附加剂 附加剂的主要作用是增加药物的理化稳定性和主药的溶解度，抑制微生物生长，减轻疼痛或对组织的刺激性等。常用注射剂附加剂可分为pH调节剂、等渗调节剂、局麻剂、抑菌剂、抗氧剂、稳定剂、增溶剂等。

(1) pH 调节剂：一般为酸、碱缓冲剂。如醋酸和醋酸钠、枸橼酸和枸橼酸钠、酒石酸、碳酸氢钠和碳酸钠等。

(2) 抑菌剂：主要用于多剂量注射剂及无菌操作制剂，静脉输液与脑池内、硬膜外、椎管内用的注射液均不得加抑菌剂。除另有规定外，一次用量超过 15 ml 的注射液不得加抑菌剂。如苯甲醇（1%～2%）、羟丙丁酯和羟丙甲酯（0.01%～0.015%）、苯酚（0.5%～1.0%）、三氯叔丁醇（0.25%～0.5%）等。

(3) 等渗调节剂：如氯化钠（0.5%～0.9%）、葡萄糖（4%～5%）。

(4) 防止主药氧化的附加剂：抗氧剂以亚硫酸钠（0.1%～0.2%）、亚硫酸氢钠（0.1%～0.2%）、焦亚硫酸钠（0.1%～0.2%）、硫代硫酸钠（0.1%）应用较多。许多药物的氧化易被重金属离子催化加速，可加入适量螯合剂 EDTA-2Na。

(5) 局麻剂：利多卡因（0.5～1.0%）、盐酸普鲁卡因（1.0%）、苯甲醇（1%～2%）、三氯叔丁醇（0.3%～0.5%）。

(6) 表面活性剂：常作为注射剂的增溶剂、润湿剂、乳化剂。如聚山梨酯类（0.01%～4.0%）、聚维酮（0.2%～1.0%）、卵磷脂（0.5%～2.3%）、Pluronic F-68（0.21%）。

(7) 助悬剂：明胶（2.0%）、甲基纤维素（0.03%～1.05%）、羧甲基纤维素（0.05%～0.75%）、果胶（0.2%）。

2. 小容量注射剂容器　国标 GB2637—1995 规定水针剂使用的安瓿一律为曲颈易折安瓿，其容积通常为 1、2、5、10、20 ml 等几种规格。易折安瓿有色环易折安瓿和点刻痕易折安瓿两种。色环易折安瓿是将一种膨胀系数高于安瓿玻璃 2 倍的低熔点粉末熔固在安瓿颈部成环状，冷却后由于两种玻璃膨胀系数不同，在环状部位产生一圈永久应力，用力一折即平整断裂，不易产生玻璃碎屑和微粒。点刻痕易折安瓿是在曲颈部分刻有一微细刻痕的安瓿，在刻痕上方中心标有直径为 2 mm 的色点，折断时，施力于刻痕中间的背面，折断后，断面平整。

（三）小容量注射剂生产工艺流程

小容量注射剂又称小针剂，是指注入机体内一次给药小于 50 ml 的注射液。根据医疗需要小针剂有多种给药途径，如皮内注射（一次注射量<0.2 ml，常用于过敏性试验和疾病诊断）、皮下注射（1～2 ml）、肌内注射（<5 ml）、椎管腔注射（<10 ml）、静脉注射（5～50 ml，注射效果快，常作急救）等。根据灭菌条件和要求不同，又分为最终灭菌和非最终灭菌的小容量注射剂。本实训主要阐述最终灭菌的小容量注射剂的生产过程。

小容量注射剂的生产过程：原辅料的准备、配制、过滤；标准规格的玻璃管经安瓿机和圆口机制备成合格的安瓿瓶，安瓿瓶在理瓶机的作用下有序地进入超声波洗瓶机完成清洗工序，再进入隧道式灭菌干燥箱进行干燥灭菌以备用；灌封岗位完成药液灌注及安瓿熔封、灭菌检漏、灯检、印字包装等步骤，其生产工艺流程见图 16-5。

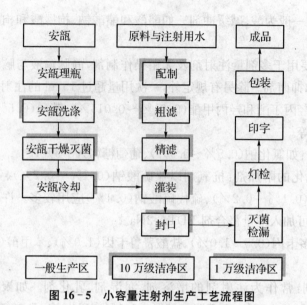

安瓿	原料与注射用水	成品
↓	↓	↑
安瓿理瓶	配制	包装
↓	↓	↑
安瓿洗涤	粗滤	印字
↓	↓	↑
安瓿干燥灭菌	精滤	灯检
↓	↓	↑
安瓿冷却 →	灌装	灭菌检漏
	↓	↑
	封口 →	

一般生产区	10万级洁净区	1万级洁净区

图 16 - 5 小容量注射剂生产工艺流程图

二、实训用物

理瓶机、立式超声波洗瓶机、隧道式灭菌干燥箱、配液罐及过滤装置、安瓿灌封机、水浴式安瓿检漏灭菌器、澄明度检测仪、贴标机等。

三、实施要点

（一）安瓿洗瓶岗位

1. 理瓶

（1）按生产指令领取安瓿，按化验单及领料单认真核对外观质量、数量、规格，验收无误后再进行摆瓶。

（2）将安瓿置于加瓶斗中，斗下梅花盘将安瓿依次顺着加瓶轨道送至齿槽花盘凹槽中，随着齿槽花盘转动，送至下一工序（图 16 - 6）。

2. 超声波清洗 超声波洗瓶机（见图 16 - 7）标准操作规程：

（1）开机前准备，检查主机、水泵电机电源是否正常，超声波发生器是否完好，整机外罩是否罩好，各润滑点的润滑状况。

图 16 - 6 理瓶、机械臂翻转过程

（2）开启总开关；开启压缩空气阀门，将压力表的压力调至 0.1 MPa；开启新鲜水控制阀门，将压力表的压力调至 0.15 MPa。

（3）启动加温按钮，直至水温升高到（60±2）℃；关闭喷淋槽；启动水泵启动按钮，同时将循环过滤器罩泵内空气排尽。

（4）开循环水泵阀门，将压力表的压力调至 0.2 MPa；开喷淋水控制阀，将压力表上的数值调至 0.06 MPa。

（5）开自动操作按钮。

（6）完成洗瓶工艺（超声波洗瓶、洗瓶外表、针头插入瓶、水气交替冲洗，瓶盘出机）。

（7）停机，按下主机停机按钮、水温加热停止按钮、水泵停止按钮，关闭所有控制阀门和电源主开关。

（8）清场，填写洗瓶生产记录和清场记录。

图 16-7　超声波洗瓶机

图 16-8　隧道式灭菌干燥箱

3. 干燥灭菌　隧道式灭菌干燥箱（图 16-8）标准操作规程：

（1）开启电源开关。

（2）按夜间启动按钮，开动机器，检查各层流风机及排风风机是否正常运行。

（3）按网带手动启动按钮，检查网带走动是否正常。

（4）按网带自动启动按钮，手拨动进口处控制开关弹片，观察此处工作是否正常。

（5）在主操作画面设定工作温度为 350 ℃。

（6）待消毒区达到预设温度后，开启传送带启动按钮，精洗后的瓶子由螺旋轨道进入隧道式干热灭菌箱。

（7）烘干机开始进入自动灭菌干燥程序，先"预热"吹干，"高温灭菌"350 ℃，5 分钟以上。最后经"冷却段"冷却至 40 ℃以下，关闭电源。安瓿需于一小时内使用，若超过时间，应重新清洗灭菌。

（8）清场，填写灭菌生产记录和清场记录。

（二）注射剂的配制

1. 领料

（1）领取原辅料时，必须有质检处注明"供针剂用"的化验单和车间预制报告单。

（2）填好领料单，领取时要认真核对生产厂家、品名、规格、批号及数量，领回车间后在原料暂存室按品种、规格、批号分别存放。

2. 称量

（1）按工艺卡片计算原辅料的投料量并核对。

（2）每次使用前天平应校正。

（3）称量后填写称量记录。

（4）清场，填写称量配料生产记录和清洁记录。

3. 配制（浓配法）　配制标准操作规程：

（1）按生产指令单向浓配罐（图 16-9）加入原辅料和一定量的注射用水，开启搅拌，使之全部溶解，将药物的浓度控制在 50% 左右。

（2）加入指令量的药用炭，开汽升温煮沸，保温 20 分钟。

（3）开启洁净泵使浓药液压滤通过钛滤器，脱碳处理并进入稀配罐（图 16-10）。

（4）浓配罐用注射用水冲洗 2～3 次，每次 50 L，冲洗水全部输送到稀配罐中。

（5）在稀配罐中加注射用水，将药液稀释至全量，搅拌并打回流使料液均匀。

（6）料液经预滤，再通过 0.22 μm 的微孔滤膜过滤器精滤除菌。

（7）取样检验 pH 和药物的含量，合格后即可准备灌装。

（8）清场，注射用水反复清洗配制罐，放水至净；放注射用水开泵回流 10 分钟，水放净；清洗过滤器滤芯。填写配制过滤生产记录和清场记录。配制过程示意图见图 16-11。

要点：过滤装置采用粗滤和精滤相结合的特点；使用的注射用水在 80 ℃ 以上保温下贮存时间不宜超过 12 小时；从稀配到灌装一般不超过 4 小时。

图 16-9　浓配罐及过滤装置

图 16-10　稀配罐及过滤装置

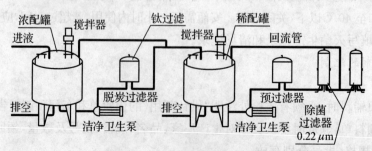

图 16-11　注射剂配制的过程图

（三）注射剂灌装封口

1. 灌封机标准操作规程

（1）开启总电源；对机器的润滑点加油，使机器处于良好润滑状态；启动层流电机，检查层流系统是否符合要求。

（2）按主机启动按钮；再旋转调速旋钮，使主机由慢速渐渐调向高速运行，再关闭。

（3）手动将灌装管路充满药液，开动主机按已设定速度试灌装，调节液量使装量差异控制在限度内，然后停机（见图 16 - 12）。

（4）按抽风启动按钮。

图 16 - 12　安瓿灌装过程

（5）按氧气、燃气启动按钮和点火按钮点燃各火嘴，调节气流量开关，使火焰达到预设状态，并将预热火焰调至比拉丝火焰稍小。

（6）按转瓶电机按钮，进行前充 N_2 或 CO_2、灌装、充 N_2 或 CO_2；调节至最佳火焰进行拉丝封口（见图 16 - 13）。

（7）熔封后的注射剂被推至出料斗，根据每分钟产量调节走瓶速度。用镊子挑出明显不合格产品；每 20 分钟抽检一次注射剂的装量差异（见图 16 - 14）。

（8）总停机时先按氧气停止按钮，再按抽风停止按钮、转瓶停止按钮，接着按层流停止按钮，最后关断总电源。

（9）灌装结束后，关闭燃气、氧气和惰性气体总阀门。

（10）清洁工作：灌封针头先用注射用水冲净，再经 121 ℃灭菌 30 分钟，干燥 12 分钟，应在 3 日内使用。填写灌封生产记录和清场记录。

2. 要点　灌装环境应达 B 级洁净度；封口温度一般在 1 400 ℃，有 $P_{煤气}$（0.98 kPa）和 $P_{氧气}$（0.02～0.05 MPa）控制；火焰头部与安瓿瓶颈的最佳距离为 10 mm；熔封要求：严密不漏气，安瓿顶端圆整光滑。

图 16 - 13　安瓿拉丝封口过程

图 16 - 14　安瓿灌封机

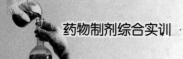

（四）灭菌检漏、灯检

1. 灭菌和检漏　水浴式安瓿检漏灭菌器（见图 16-15）标准操作规程：

（1）将待灭菌的安瓿放入灭菌车并关好灭菌器门。

（2）开启电源，按工艺规定设定压力、温度、时间等参数。

（3）启动自动运行系统。

（4）准备阶段，真空系统抽排柜内的气体。

（5）升温灭菌阶段，输送纯蒸汽使柜内温度升高至预设温度进行灭菌（耐热产品采用115 ℃灭菌 30 分钟；不耐热 30 分钟，10～20 ml 安瓿 100 ℃ 灭菌30 分钟）。

（6）排气、真空检漏阶段，当真空度达到85.3～90.6 kPa（640～680 mmHg）后，停止抽气。将有色溶液注入灭菌器淹没安瓿后，关闭色水阀，放开气阀，再将有色溶液抽回；安瓿淋洗干净。

（7）结束阶段，当柜内压力低于安全压力时，打开灭菌柜；检查，将检漏合格产品送至灯检，剔除带色的漏气安瓿。

（8）清场，填写灭菌检漏生产记录和清场记录。

图 16-15　水浴式安瓿检漏灭菌器

图 16-16　澄明度检测仪

2. 灯检

（1）澄明度检测仪（见图 16-16）标准操作规程

①启动电源开关。

②启动照度开关，检测无色溶液注射剂应设定 1 000～1 500 lx；检测透明塑料容器或有色溶液注射剂设定 2 000～3 000 lx。

③将照度传感器放在平行与伞栅边缘，检品检测位置，测定照度，并调节旋钮至所需照度；设定所需检测时间。

④检测时，按动计时微触开关，指示灯每秒闪烁一次，而且起始和终止有声响报警。

⑤手持安瓿颈部使药液轻轻上下翻动，重复翻动三次，目测。

⑥测试完毕后，关上仪器的总电源开关。

⑦清场,填写灯检生产记录和清场记录。

(2)要点:检查白色异物应选择伞棚式装置的不反光黑色背景;检查有色异物选择不反光白色背景。灯检时应剔除含有纤维、白点、白块、胶粒、玻璃屑、装量、破损的不合格品。

(五)印字和包装

1. 印字 印字标准操作规程

(1)根据产品名称、规格、批号,将铅字座的印字模安装在版子滚筒的凹槽内,不得偏斜。

(2)将油墨加在油墨滚锁紧固定螺钉上,取 2~3 个安瓿,放入进料轨道内,用手转动手轮试印,检查推送板推力是否适中,安瓿上的印字是否清晰,位置是否正确,落瓶是否整齐(见图 16-17)。

(3)操作时,盘内待印安瓿整齐码放在进料斗内,按主电机"ON"键正式印字。确保瓶身字迹清晰整齐、内容完整正确(含量、规格、品名及批号)。

(4)操作结束后,按主电机"OFF"键停机。

2. 包装 包装标准操作规程

(1)印字后的药品与说明书装入小盒内,贴标签,再装入中盒,封口签,热塑膜。中盒再与装箱单一起装入大箱(图 16-18)。

(2)包装中应随时检查批号、说明书及各层次包装是否相符。

(3)清场,填写外包装生产记录和清场记录。

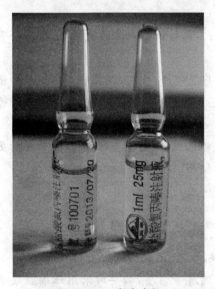

图 16-17 印字安瓿

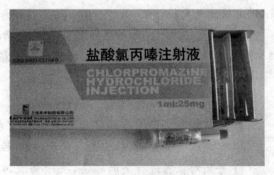

图 16-18 注射液成品

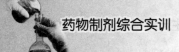
 思考题

1. 使用灭菌设备应注意哪些事项？

2. 简述超声波清洗的原理。

3. 注射剂常用的附加剂有哪些？起何作用,常用的浓度为多少？

 知识拓展

1. 立式超声波洗瓶机保养规程

（1）每班保养项目:检查紧固螺栓及连接件是否紧固;需保持设备内外的清洁,管道不得有跑冒滴漏;各润滑部位加注润滑油。

（2）每半年保养项目:检查、调整出瓶吸气压力,更换易损部件;检查、调整链条定位置和张紧度;检查水、气管路,更换密封件;清洗、更换堵塞的滤芯;检查全部喷射针管,用工业乙醇擦洗,进行校直或更换。

（3）每年保养项目:拆卸送瓶链条及 V 型槽块,清洗、检修或更换;检查针鼓托轮,必要时更换不锈钢滚球轴承;拆洗全部喷嘴、管道及喷淋板;检查各轴挡、轴承,清洗、检修或更换。

2. 灌封机保养规程

（1）润滑部位应每班加注一次润滑油。

（2）经常检查机器气源接口是否松动,皮管是否破损,松动应紧固,皮管破损及时更换。

（3）定期检查拉丝钳、针头是否完好,及时检修或更换;检查、清洗回火安全阀。

（4）每周对机器进行全面擦洗,去除药液污渍、碎玻璃屑等杂质,必要时采用压缩空气吹净,清除运转机构上的油垢。

（5）每半年拆洗、调整止灌吸铁装置;检修主轴及配套滑动轴承、搬运齿板;清洗或更换转瓶齿轮中蜗杆、涡轮、传动轴、尼龙滑动轴承、尼龙过桥齿轮及滚动轴承。

（6）每年将机器拆卸,清洗各零部件;检修或更换零件。

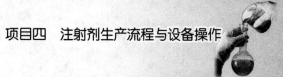

实训考核

【生产小容量注射剂的评分标准】

班级：　　　　　姓名：　　　　　学号：　　　　　得分：

测试项目		技能要求	分值	得分
操作前准备		1. 检查核实清场情况,检查清场合格证 2. 对设备状况进行检查,确保设备处于合格状态 3. 对生产用的工具的清洁状态进行检查	10	
操作过程	理瓶	正确操作设备;减少安瓿的破损率	3	
	洗瓶灭菌	1. 按操作规程开启超声波洗瓶机及各阀门,对安瓿清洗 (1) 正确开启各阀门 (2) 正确启动设备,并调整至适当速度 2. 按操作规程开启灭菌干燥机,对安瓿干燥灭菌 (1) 设定工作温度 (2) 检查进出口层流风速 (3) 正确选择各开关进行灭菌 3. 按正确顺序停止超声波洗瓶机 关主机、关加热装置、关水泵、关闭各阀门	20	
	配制	1. 正确使用天平称量原辅料 2. 按正确步骤投料 3. 正确启动电蒸汽发生器、搅拌桨 4. 按正确步骤将浓配液泵入稀配罐,并进行稀配操作 5. 正确使用微孔滤膜滤器进行精滤	10	
	灌封	1. 手动盘车,观察机器各部位运转是否协调 2. 按正确步骤调火 3. 做好开机前准备工作后启动设备,并调节走瓶速度 4. 经常抽查装量,并做出相应调整 5. 按正确步骤关闭机器	15	
	灭菌检漏	1. 按正确步骤将待灭菌产品放入灭菌室,关闭柜门 2. 正确设定灭菌温度、压力、时间 3. 正确排出冷空气及冷凝水 4. 正确计算灭菌时间 5. 灭菌时间到后正确关闭灭菌器 6. 按正确步骤打开柜门取出灭菌产品	13	
	灯检	先检查外观质量,再检查澄明度,挑出不合格品	7	
	印字包装	瓶身印字,保证字迹清晰整齐;说明书标签上内容完整	7	
清场		按要求清洁制药设备及厂房	5	
实训报告		实验报告工整,项目齐全,结论准确	10	
合　计			100	

监考教师：　　　　　　　　　　考核时间：

附表：

××××清场记录

清场前	批号：		生产结束日期：	年 月 日 班
检查项目	清场要求		清场情况	QA 检查
物料	结料，剩余物料退料		按规定做 □	合格 □
中间产品	清点，送规定地点放置，挂状态标记		按规定做 □	合格 □
工具器具	冲洗、湿抹干净，放规定地点		按规定做 □	合格 □
清洁工具	清洗干净，放规定处干燥		按规定做 □	合格 □
容器管道	冲洗、湿抹干净，放规定地点		按规定做 □	合格 □
生产设备	湿抹或冲洗，标志符合状态要求		按规定做 □	合格 □
工作场地	湿抹或湿拖干净，标志符合状态要求		按规定做 □	合格 □
废弃物	清离现场，放规定地点		按规定做 □	合格 □
工艺文件	与续批产品无关的清离现场		按规定做 □	合格 □
注：符合规定在"□"中打"√"，不符合规定则清场至符合规定后填写				
清场时间	年 月 日 班			
清场人员				
QA 签名	年 月 日 班			
检查合格发放清场合格证，清场合格证粘贴处				
备注：				

（汤 洁）

实训十七 大容量注射剂生产流程与设备

实训目标

1. 掌握大容量注射剂的制备工艺。
2. 掌握全自动胶塞清洗机、灌封机的标准操作规程。
3. 了解相关设备的基本构造,并做好清洁养护工作。

实训内容

一、相关内容

(一)大容量注射剂实训设备介绍

1. 胶塞清洗设备

(1)全自动胶塞清洗机(图17-1)是集胶塞的清洗、硅化、灭菌、干燥于一体的设备,其结构有清洗箱、清洗桶、变频变速的主轴传动机构、进料装置、超声波、真空泵、出料装置和自动控制柜等。

(2)工作原理

①进料,胶塞由真空吸料装置吸入,并随清洗桶的转动而翻滚搅拌。

②清洗,先喷淋管冲洗,再注入洁净水。胶塞在强力喷淋、慢速翻滚和超声波清洗等多项功能作用下被清洗干净,污水被排放。

③硅化,从加料口加入硅油,加热硅化处理胶塞后再排净清洗液。

图 17-1 全自动胶塞清洗机

④灭菌,向清洗箱内喷洒热压蒸汽进行灭菌。

⑤干燥,抽真空干燥重复数次,待胶塞的含水量合格。

⑥常压处理、出料。

2. 理瓶设备 圆盘式理瓶机的工作原理:低速旋转的圆盘上装有待洗的大输液瓶,圆盘中的固定拨杆将运动着的瓶子拨向转盘周边,并沿圆盘壁进入输送带至洗瓶机上,即靠离心力进

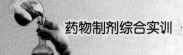
行理瓶送瓶(图17-2)。

3. 灌封设备　轧盖机工作原理:轧盖时瓶不转动,轧刀机构沿主轴旋转,又做上下运动。凸轮收口座下降,压瓶头抵住铝盖平面,滚轮沿斜面运动,使三把轧刀向铝盖下沿收紧并滚压,即起到轧紧铝盖作用(图17-3)。

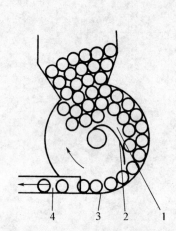

图17-2　圆盘式理瓶机结构图

1—转盘;2—拨杆;3—围沿;4—输送带

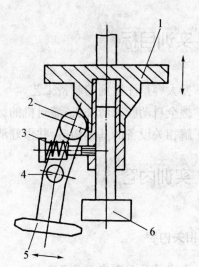

图17-3　轧刀示意图

1—凸轮收口座;2—滚轮;3—弹簧;

4—转销;5—轧刀;6—压瓶头

(二)输液容器

1. 玻璃输液瓶　由硬质中性玻璃制成,其物理化学性质稳定,但有质重、易碎、有无机物溶出等缺点。输液瓶口内径必须符合规定,光滑圆整,大小合适,否则将影响密封程度,贮存期易染菌。

2. 聚丙烯塑料瓶　具有耐腐蚀、无毒、质轻、耐热性好、机械强度高、化学稳定性强的优点,可进行热压灭菌。

3. 聚氯乙烯塑料袋　具有质量轻、运输方便、不易破损、耐压等优点。生产工艺简单,可在同一车间完成塑料袋吹塑成型和灌装生产(一般塑料袋不必洗涤),提高工效,减少污染。但因塑料层透湿、透气可影响产品质量。

(三)大容量注射剂生产工艺流程

大容量注射剂又称大输液,是由静脉滴注输入体内一次给药在50 ml以上的注射液,不含任何防腐剂或抑菌剂。与小容量注射剂相比,输液的用量和给药方式都有不同,故质量要求、生产工艺、设备等也有一定差异。输液剂主要采用可灭菌生产工艺,将配制合格的药液先灌封于输液瓶或输液袋内,再用蒸汽热压灭菌。

输液的分类:按临床应用和不同成分,输液剂可分为电解质输液、营养输液、胶体输液和含药输液。按包装材料可分为玻璃瓶装和塑料软包装两大类。塑料软包装又有瓶装、袋装类型。本实训主要阐述玻璃瓶装输液的生产工艺。

大输液的生产过程：玻璃输液瓶经理瓶机理瓶后，送入超声波清洗机中清洗，再由输送带将洗净的玻璃瓶直接送至灌装工位，灌满药液后立即经盖膜、塞胶塞机、翻胶塞机、轧盖机完成封口，然后灭菌、灯检，再贴签包装成成品。其生产工艺流程见图17-4。

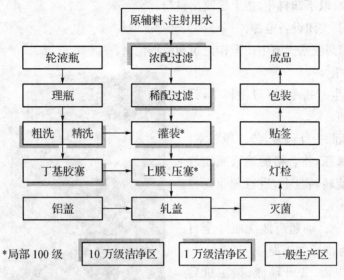

图17-4 大输液生产工艺流程

二、实训用物

全自动胶塞清洗机、圆盘式理瓶机、超声波洗瓶机、灌封机、自动翻塞机、滚压式轧盖机、水浴式灭菌器、灯检仪、不干胶贴标机等。

三、实施要点

（一）大容量注射容器的准备

1. 丁基胶塞清洗　全自动胶塞清洗机标准操作规程：

（1）开启电源，打开注射用水、压缩空气、纯蒸汽、冷却水阀门。进入自动控制主画面显示工艺过程：进料→粗洗→气水混合漂洗→真空脱泡→精洗→澄明度检查→硅化→放水→冲洗→蒸汽灭菌→真空干燥→热风干燥→降温→卸料。

（2）打开滚筒进料门，按启/停键，真空泵启动，吸料管放入滚筒内，同时旋紧吸料管的卡盘，开始真空吸料。

（3）吸料结束后，停止抽真空。取出吸料管，关好滚筒进料口，关好外缸密封卡盘。

（4）按"下步"键，进入粗洗程序；系统依次进行粗洗→气水混合漂洗→真空脱泡→精洗→澄明度检查。

（5）按"下步"键，进入硅化程序；真空泵自动启动，将稀释的硅油全部吸进胶塞清洗机；按"确认"键，系统按程序依次自动完成硅化→放水→冲洗。

（6）按"下步"键进入蒸汽灭菌程序；升温阶段，按"排污"键，排掉冷凝水；待温度升到 90 ℃时，取消"排污"键；系统按照程序完成蒸汽灭菌→真空干燥→热风干燥→降温工作。

（7）卸料，打开后门，按"出料斗运行"按钮，滚筒反转，胶塞从滚笼里卸出。

（8）卸料结束，取下卸料斗，按上滚筒出料门。

（9）关闭后门，关闭设备电源。

（10）清场，填写胶塞灭菌生产操作记录和清场记录。

2. 输液瓶理瓶

（1）根据"批生产指令"填写领料单，到仓储部领取输液瓶。

（2）将输液瓶除去外包装，传入理瓶室，剔出不合格的输液瓶，将合格的输液瓶摆放在理瓶机的进瓶旋转转盘上，进行理瓶操作（图 17 - 5）。

图 17 - 5　理瓶过程

3. QJB16 型全自动超声波洗瓶　全自动超声波洗瓶机标准操作规程：

（1）打开总电源，先开输瓶、按主机启动，旋调速按钮，待频率显示与产量相符的数值时，打开自来水、离子水、注射用水的水泵，向水槽内注水。

（2）加热洗瓶用水至 50～55 ℃。输液瓶沿着传送链进入进瓶机构（见图 17 - 6），进瓶 16 支/次，用自来水内喷洗 1 次，冲洗瓶内壁。

（3）粗洗：按粗洗启动按钮，用自来水喷洗瓶内壁 1 次，第一次温水冲洗，用循环水内冲 2 次、外冲 2 次；第二次温水冲洗，用循环注射用水内冲 2 次、外冲 2 次；水压 0.08～0.12 Mpa，冲洗输液瓶内外壁。

图 17 - 6　QJB16 型超声波洗瓶机进瓶机构

图 17 - 7　精洗的输液瓶输出过程

（4）精洗：按精洗启动按钮，用注射用水内冲 2 次、外冲 1 次。冲洗水压 0.08～0.12 MPa。精洗后输液瓶沿着传送链输出备用（图 17-7）。

（5）洗瓶结束后，先将调速旋钮反时针旋到极限，关主机，停"变频停止按钮"，关闭相应开关，关闭总电源。

（6）清场，填写洗瓶生产操作记录和清场记录。

（二）大容量注射剂的配制

具体操作步骤详见"实训十六"的配制过程。

（三）输液的灌封

灌封是由药液灌注、加膜、塞胶塞、轧铝盖四步组成。

1. 灌装　灌装机（图 17-8）标准操作规程：

（1）开机前检查灌封机供水、清洁消毒情况。

（2）试开机运行。

（3）启动电源开关，精洗合格的输液瓶随传输带进入灌装机的进瓶拨轮，随着进瓶螺杆的旋转，进瓶拨轮将输液瓶拨进转台。

（4）输液瓶通过托瓶台向上移动，定心套卡住瓶肩，液管及充氮管伸入瓶口内先充氮气排除瓶内空气，然后瓶子到达灌装工位进行灌装。

（5）调节药液管路上的调节阀，调节流量，达到工艺要求的装量。先试装检查药液澄明度和装量合格后开始灌装操作。

（6）灌装结束后，输液瓶在托瓶凸轮作用下，向下移动与输送瓶带平齐，经输出拨轮将瓶子拨到输送带上输出。

（7）灌装中随时查看装量和澄明度。灌装结束，关闭电源开关。

2. 盖塞

（1）放涤纶薄膜：用镊子将清洁的涤纶薄膜放在药瓶瓶口中央位置，并覆盖药瓶瓶口。

（2）压塞翻塞：自动翻塞机（图 17-9）标准操作规程：

①开机前检查压塞翻塞机的清洁情况。

②试开机，检查运转是否正常。

③启动电源，瓶子经灌装加膜后通过分瓶、进瓶拨轮进入塞塞转盘压塞。

④压塞后的输液瓶进入翻塞转盘，冲头芯在顶部凸轮的作用下可垂直向下移动，冲头脚利用向外张力翻转橡胶塞。

⑤翻塞结束，关闭电源开关并进行清洁。

图 17-8　GCD24 灌装机

图 17-9　自动翻塞机

（3）灌装结束

①将灌装合格品移交轧盖岗位。

②对灌装机、压塞翻塞机进行清洁，清场；填写灌装生产操作记录和清场记录。

（4）要点：盖涤纶薄膜时必须放在瓶口中央，并且操作要快、准；随时剔出翻塞不彻底的药瓶；药液配制好到灌装结束不得超过 4 小时。

3. 轧铝盖

（1）轧盖机（图 17-10）标准操作规程

图 17-10　轧盖机

①开机前，检查三角皮带、轧刀是否完好。

②试开机，检查运转是否正常。

③启动电源，输液瓶通过传送带进入分瓶转盘，再通过进瓶拨轮套上铝盖后进入左中心拨轮，将铝盖压实。

④传入右中心拨轮轧盖头工位时，轧头上的顶盖头压住铝盖，三把旋转轧刀高速旋转，并将铝盖同橡胶盖、输液瓶口紧紧轧在一起。

⑤轧盖结束，关闭电源。

⑥清场，填写轧盖生产操作记录和清场记录。

（2）要点：轧铝盖时，随时剔出轧盖不合格品重新轧盖；禁止从旋转牙盘牙口处取药瓶，避免发生安全事故。

（四）检漏灭菌、灯检

1. 检漏灭菌

（1）检漏灭菌岗位标准操作规程

①将灌封后的半成品摆放在灭菌车的托盘上，灭菌车推入灭菌柜内。

②启动灭菌程序进行灭菌，灭菌温度 115 ℃，灭菌保温时间 30 分钟；灭菌后进入冷却程序。

③温度降至 80 ℃ 以下，将柜内的产品拉出灭菌柜，晾干，并标明状态、品名、规格、产品批号。

④清场，填写检漏灭菌生产操作记录和清场记录。图 17-11 为水浴式灭菌器。

（2）要点：从灌装结束到灭菌结束不得超过 4 小时，特殊情况另行处理。

图 17-11　水浴式灭菌器

2. 灯检　灯检岗位（图 17-12）标准操作规程：

（1）核对被检品的品名、规格、产品批号。

（2）检查液面、装量、压盖质量、胶塞缩边是否合格，发现不合格品应及时拣出。

（3）检查可见异物。合格品自灯检室内传送至包装工序，进行外包；检出白点、白块、色点、纤维、玻璃屑、刷毛、脱纸、混浊、破瓶及其他不合格品，并集中回收。

图 17-12　灯检

（4）清场，填写灯检生产操作记录和清场记录。

（五）包装

1. 包装岗位标准操作规程

（1）按"批包装指令"向仓库领取所需用的包装材料；按"批包装指令"向中间站领取待包装的半成品，并摆放于贴签印字机旁。

（2）贴标操作，贴标机标准操作规程

①取下打码头，按贴签指令单装好生产批号等数字字粒，经双人复核后，装在贴签机上。

②装上标签，确认方向正确。

③按电源开关，预热 10 分钟。

④依次按转盘、输瓶、分瓶、搓标、贴标键，检查运行是否正常，各速度是否协调。

⑤检查打码位置是否符合要求，标签纸拉力大小是否恰当，停标位置是否正常，标签应在吐出剥离板 2 mm 处停止。

⑥贴标过程中，遇声音异常时即停机检查，确定无误后方可继续贴签。

⑦瓶子贴标完毕后依次关闭开关至"OFF"，切断电源即可。

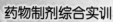

（3）装盒、装箱操作

①将贴签印字合格的药品、说明书装入药盒内。

②支箱后放单张垫板，将规定数量的药品整齐摆放于箱中，装满一箱后，放入装箱单、合格证，加单张垫板，再用不干胶带封箱。

（4）包装结束及时核对数量，填写包装生产记录及入库单。

（5）工作完毕，检查现场有无漏装产品。清场，填写贴签生产操作记录、包装生产记录和清场记录。

2. 要点　批号要求清楚、端正，标签平整、端正，不翘角，不漏贴，随时剔除破瓶、白签等不合格品。

1. 生产中怎样能提高输液剂的澄明度？

2. 按照 GMP 生产要求，如何减少微生物和热原的污染？

知识拓展

设备保养规程与安全注意事项

1. 设备保养规程

（1）日常保养

①直流电机切忌直接启动和关闭。应使用调压器由最小调到额定使用值，关闭时先由额定使用值调至最小，再切断电源。

②需随时注意进瓶通道内的落瓶情况，及时清除玻璃屑，以防卡阻进瓶通道。

③定时向链条、凸轮摆杆关节转动处加油，以保持良好的润滑状态。

④注意观察主机在运行中是否有不正常杂音、振动及特殊气味。

（2）定期保养

①整理电控箱线路、清扫电控箱内的粉尘。

②检查各电气元器件触头及线头接触是否良好，以及接地线是否良好，做到无漏电现象。

③检查电机轴承是否异常，测定电机的绝缘性。

④检查各运转机构是否灵活，剪刀和轴套是否磨损严重以及紧固件有无松动。

2. 安全注意事项

（1）操作前应检查控制开关是否灵活，紧急按钮应处于正常状态。

（2）设备调机时严禁俩人同时操作，以免造成人身伤害。

（3）严禁用尖锐硬物操作或有机溶剂擦拭操作盘，以免损坏操作盘。

（4）操作时严禁用手触摸滚轮等运行机械。

（5）不可随意打开电气控制柜，以免触电。

实训考核

【生产大容量注射剂的评分标准】

班级：   姓名：   学号：   得分：

测试项目		技能要求	分值	得分
操作前准备		1. 检查核实清场情况,检查清场合格证 2. 对设备状况进行检查,确保设备处于合格状态 3. 对生产用的工具的清洁状态进行检查	10	
操作过程	理瓶	正确操作理瓶机,减少玻璃瓶的破损	5	
	洗瓶 洗胶塞	1. 按操作规程开启全自动胶塞清洗机,对胶塞进行清洗灭菌 (1) 正确操作胶塞、硅油由滚筒进料门进料 (2) 正确选择各开关、设定工作温度参数等,进行清洗、灭菌 2. 按操作规程开启超声波洗瓶机及各阀门,对输液瓶进行清洗 (1) 正确开启各阀门 (2) 正确启动设备,并调整至适当速度 (3) 按正确顺序停止超声波洗瓶机 关主机、关加热装置、关水泵、关闭各阀门	15	
	配制	1. 正确使用天平称量原辅料 2. 按正确步骤投料 3. 正确启动电蒸汽发生器、搅拌浆 4. 按正确步骤将浓配液泵入稀配罐,并进行稀配操作 5. 正确使用微孔滤膜滤器进行精滤	10	
	灌装 塞、翻塞	1. 做好开机前准备工作后,按操作规程开启灌装机 (1) 合理调节走瓶速度 (2) 经常抽查装量,超出装量应对药液调节阀进行调节 (3) 按正确步骤关闭灌装机 2. 按操作规程开启自动翻塞机 (1) 调节振荡器使轨道胶塞输送速度与走瓶速度相一致 (2) 随时剔出翻塞不彻底的药瓶	15	
	轧铝盖	1. 正确操作轧盖机 2. 剔出轧盖不合格品,重新轧盖	7	
	灭菌	1. 每次灭菌前检查柜内各点的温度探头是否完好 2. 控制好压力系数、灭菌时间、温度及冷却出柜温度 3. 按正确步骤打开柜门取出灭菌产品	10	
	灯检	先检查外观质量,再检查澄明度,挑出不合格品	7	
	包装	核对批号、说明书、标签的内容及包材数量	6	
清场		按要求清洁制药设备及厂房	5	
实训报告		实训报告工整,项目齐全,结论准确	10	
合　计			100	

监考教师：   考核时间：

（汤　洁）

实训十八　无菌分装粉针剂生产流程与设备

1. 掌握无菌分装粉针剂的制备工艺。
2. 掌握无菌分装机的标准操作规程。
3. 了解相关设备的基本构造,并做好清洁养护工作。

一、相关内容

(一)无菌分装粉针剂实训设备介绍

1. 粉针剂分装机的概述　分装机是将无菌药物定量填充到西林瓶中,并加上胶塞,完成分装工作。目前使用较多的分装机械有螺杆式分装机、气流分装机等。

(1)螺杆式分装机:螺杆式分装机(见图 18-1)是利用螺杆的间歇旋转将药物装入西林瓶内达到定量分装的目的。

①特点:结构简单,无需净化压缩空气和真空系统等附属设备,不产生漏粉、喷粉等现象,但分装速度慢。适用于流动性较好的药粉,不适合分装松散、黏性、颗粒不均匀的药粉。

②工作原理:计量螺杆转动时,料斗内的药粉沿轴线旋移送到送药嘴,并落入药瓶中,其中控制计量螺杆的转角可调节装量。

(2)气流分装机:气流分装机是由粉剂分装系统、盖胶塞机构、主传动系统、供瓶系统、真空系统、压缩空气系统等部分组成。利用真空吸取定量容积粉剂,通过净化干燥压缩空气将粉剂吹入包装容器中。

①特点:装量误差小、速度快、机器性能稳定。

②工作原理:搅粉斗内搅拌桨转动,使药粉保持疏松状态。当装粉工位与真空管道接通时,药粉被吸入定量分装孔内。分装头(见图 18-2)回转 180°至卸粉工位,净化压缩空气将药粉吹入西林瓶内,其中控制剂量孔中活塞的深度可调节装量。

(二)无菌分装粉针剂生产工艺流程

注射用粉针剂又称注射用无菌粉末,是以固体形态封装,使用之前加入注射用水或其他溶剂,将药物溶解而使用的一类灭菌制剂。粉针剂的制备方法有两种,一种是无菌分装法,另一种是冷冻干燥法。本实训主要阐述西林瓶粉针剂无菌分装,实训十九将阐述冷冻干燥的生产过程。

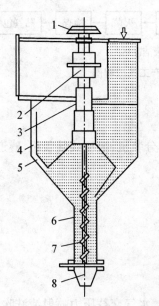

图 18-1 螺旋式分装机及装置示意图

1—传动齿轮；2—单向离合器；3—支撑座；4—搅拌叶；

5—料斗；6—导料管；7—计量螺杆；8—送药嘴

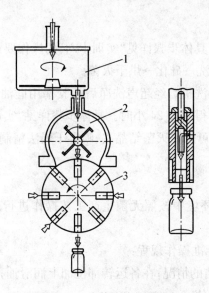

图 18-2 分装头的工作原理

1—装粉筒；2—搅粉斗；3—分装盘

1. **无菌分装粉针剂生产工艺流程** 无菌分装粉针剂是将精制的无菌粉末，在无菌条件下直接分装于灭菌的西林小瓶中，密封而成，其工艺流程见图 18-3。

133

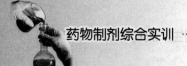

* 表示 100 级或局部 100 级洁净区

图 18-3　无菌分装粉针剂生产工艺流程图

二、实训用物

全自动胶塞清洗机、圆盘式理瓶机、超声波洗瓶机、分装机、滚压式轧盖机、隧道式灭菌干燥箱、不干胶贴标机等。

三、实施要点

（一）原材料准备

1. 西林小瓶处理　洗瓶→干燥、灭菌→冷却。

（1）清洗

使用设备：超声波洗瓶机。西林小瓶经超声波清洗、水气交替压力喷射清洗吹干后出瓶。

（2）灭菌干燥

使用设备：隧道式灭菌干燥器。精洗后的西林瓶经预热、加热、灭菌干燥（180 ℃，干热灭菌1.5 小时）。

（3）冷却

冷却后输出。清洗、灭菌具体步骤详见"实训十六"的操作要点。

2. 胶塞处理　超声波清洗→硅化→烘干灭菌。

使用设备：全自动胶塞清洗机。经超声洗净后的胶塞用硅油进行硅化处理，用 125 ℃干热灭菌 2.5 小时，存放备时间不得超过 24 小时。具体步骤详见"实训十七"的操作要点。

3. 无菌原料　无菌原料可采用灭菌结晶法、喷雾干燥法精制或发酵法制备，需要时可进行粉碎、过筛等操作。

（二）粉针剂分装

分装必须在规定的洁净环境中按照无菌生产工艺操作进行。螺杆分装机工作过程：进空瓶→装粉→盖胶塞→出瓶。

螺杆分装机（图 18-4）标准操作规程：

（1）开机前检查设备清洁的情况；在各运转部位加上润滑油；检查真空、氮气是否经过除菌过滤，并检查真空压力表参数值。

（2）将已清洁、消毒并烘干灭菌的分装机零部件安装到位。在安装螺杆时要注意螺杆和分装漏斗下端出口应装平。

（3）装量调节，药粉倒入料斗，开启供粉电机，将药粉送入分装漏斗中，分装漏斗中的药粉要保持一定量，一般要超过分装漏斗底部 5～7 cm。根据数控系统操作先调整"频率"来调节分装电机转速，调节"步数"来改变装量。

（4）旋动胶塞振荡器按钮，开启真空阀门，检查胶塞振荡器及扣塞是否正常。

（5）放入空瓶，将分瓶头和扣塞卡块与瓶口位置调整好，并检查瓶位检测是否准确。

（6）开启进瓶电源开关，开启供粉开关、搅拌开关，按下"运行"，开始正式分装，注意不得有倒瓶进入分装转盘。

（7）西林瓶进入送瓶机构，靠拨轮上的圆弧进行定位，完成分装、盖塞的过程（图18-5）。

（8）每隔15分钟取5瓶进行装量差异检查，如发现有飘移、检查超过标准装量范围，不合格的，应及时按规定处理。

（9）生产结束，待拨瓶盘上抗生素瓶全部分装完毕，按下"停止"按钮，关闭搅拌器、供粉器、数控系统、进瓶及主电机电源。

（10）拆下分装漏斗、分装螺杆、视粉罩及搅拌装置，并按万级洁净区容器、器具清洁消毒规程清洁消毒。

（11）清场，填写螺杆分装机生产记录和清场记录。

图18-4 螺杆分装机

图18-5 加塞过程

（三）轧盖

轧盖要平滑、无皱褶、无缺口，并用三手指直立捻不松动为合格。若发现轧口松动、歪盖、破盖，应立即停机调整。

（四）灭菌、异物检查

1. 灭菌 干燥状态下耐热品种，一般可补充灭菌。不耐热的品种不能采用热灭菌，必须严格无菌操作。

2. 异物检查 在传送带上，用目检视，逐瓶灯检轧好盖的中间产品，将不合格品挑出。

（五）贴签包装

操作流程：贴签→装盒→成品检查→封盒装箱。从"轧盖→灭菌、异物检查→贴签包装"的具体步骤详见"实训十七"的操作要点。

1. 简述粉针剂分装的工艺流程，生产粉针剂常用的设备，说明其工作原理。

2. 如何调节螺杆分装机的装量？

知识拓展

1. 螺旋分装机的保养规程

（1）在各运动部位应加注润滑油，槽凸轮及齿轮等部件可加钙基润滑脂，进行润滑。

（2）开机前应检查各部位是否正常，确认无误后方可操作。

（3）输粉漏斗及输粉螺杆部分、装粉粉斗及计量螺杆部分与药粉直接接触部分每批号生产后应拆卸、清洗一次。

（4）调整机器时工具要适当，严禁用过大的工具或用力过猛拆卸零件，以防影响或损坏其性能。

2. 螺旋分装机常见故障的处理方法　见表18-1。

表 18-1　螺旋分装机常见故障的处理方法

故障现象	产生原因	处理方法
装量不准	1. 装粉漏斗粉位太低 2. 药粒粘满计量螺杆 3. 步进电机及控制系统故障 4. 计量螺杆与小嘴巴空隙不相配	1. 开启输粉螺杆加粉 2. 拆开漏斗，清除杠上药粉 3. 相应排除或重新设定参数 4. 调小嘴巴
胶塞盖不到瓶口上或胶塞连续下落	1. 胶塞卡口与瓶子不对位 2. 胶塞卡口松	1. 调整卡口与瓶子的对中性 2. 调整胶塞卡口
胶塞供量不足	1. 弹簧片松动，或外力造成振荡不均 2. 电位器失控	1. 紧固弹簧片；调整电磁铁静、动磁铁之间间隙 2. 更换电位器

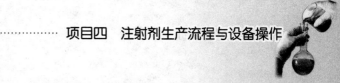

实训考核

【生产无菌分装粉针剂的评分标准】

班级：　　　　　　姓名：　　　　　　学号：　　　　　　得分：

测试项目		技能要求	分值	得分
操作前准备		1. 检查核实清场情况,检查清场合格证 2. 对设备状况进行检查,确保设备处于合格状态 3. 对生产用的工具的清洁状态进行检查	15	
操作过程	理瓶	正确操作设备;减少抗生素瓶的破损率	5	
	洗瓶 洗胶塞	1. 按操作规程开启全自动胶塞清洗机,对胶塞清洗灭菌 (1) 正确操作胶塞、硅油由滚筒进料门进料 (2) 正确选择各开关、设定工作温度参数等,进行清洗、灭菌 2. 按操作规程开启超声波洗瓶机及各阀门,对抗生素瓶清洗 (1) 正确开启各阀门 (2) 正确启动设备,并调整至适当速度 (3) 按正确顺序停止超声波洗瓶机,关主机、关加热装置、关水泵、关闭各阀门 3. 按操作规程开启灭菌干燥机,对抗生素干燥灭菌 (1) 设定工作温度 (2) 检查进出口层流风速 (3) 正确选择各开关进行灭菌	15	
	分装	做好开机前准备工作后,按操作规程开启灌装机 (1) 合理调节装量,试运行胶塞振荡器和走瓶系统 (2) 运行中经常抽查装量 (3) 按正确步骤关闭螺杆分装机	15	
	轧铝盖	1. 正确操作轧盖机 2. 剔出轧盖不合格品,重新轧盖	8	
	灭菌	1. 每次灭菌前检查柜内各点的温度探头是否完好 2. 控制好压力系数、灭菌时间、温度及冷却出柜温度 3. 按正确步骤打开柜门,取出灭菌产品	10	
	灯检	先检查外观质量,再检查有无杂质,挑出不合格品	7	
	印包装	核对批号、说明书、标签的内容及包材数量	7	
清场		按要求清洁制药设备及厂房	8	
实训报告		实验报告工整,项目齐全,结论准确	10	
合　计			100	

监考教师：　　　　　　　　　　　　考核时间：

（汤　洁）

实训十九　冻干粉针剂生产流程与设备

实训目标

1. 掌握冻干粉针剂的制备工艺。
2. 掌握抗生素瓶灌装机、真空冷冻干燥机的标准操作规程。
3. 了解相关设备的基本构造，并做好清洁养护工作。

实训内容

一、相关内容

（一）冻干粉针剂生产设备介绍

1. 抗生素瓶灌装机　抗生素瓶灌装机（图19-1）由进出瓶机构、灌装跟踪机构、灌装机构、胶塞振荡器、送塞轨道及加塞机构组成。工作原理：经灭菌干燥的瓶子由供瓶转盘经拨瓶盘送入同步带上的夹瓶模块进行定位，柱塞泵控制灌装量，凸轮系统控制灌装针完成跟踪灌装；同时，振荡器通过斗料把胶塞送进吸塞工位，高速旋转的吸塞头依靠真空吸附胶塞一起运动，此时，与吸塞头同步旋转的西林瓶逐渐被顶瓶凸轮顶到高位，使胶塞压入瓶内，完成盖胶塞的过程。

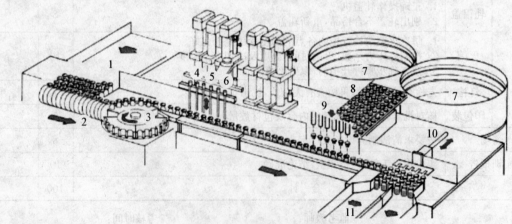

图19-1　灌装机工作示意图

1—进瓶盘；2—变距螺旋推进器；3—梅花盘；

4～6—灌装；7—胶塞振荡器；8—吸塞；9—加塞机构；

10—推瓶；11—出盘

2. 真空冷冻干燥机 真空冷冻干燥机(图 19-2)由制冷系统、真空系统、加热系统和控制系统四部分组成。冷冻干燥的工艺主要包括三个过程,即预冻、升华干燥和再干燥。

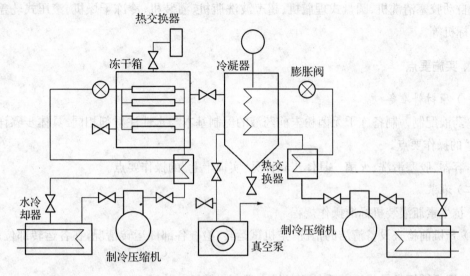

图 19-2 真空冷冻干燥机示意图

工作原理:制品冻结到共晶点温度以下,使水分变成固态的冰,然后在适当的温度和真空度下,使冰升华为水蒸气。再用真空系统的冷凝器(水汽凝结器)将水蒸气冷凝,获得干燥制品。

(1)预冻:预冻是恒压降温过程,有速冻法和慢冻法两种。一般温度应降至产品共熔点以下 10~20 ℃,以保证冷冻完全。若预冻不完全,在减压过程中可能产生沸腾冲瓶的现象,或使制品表面不平整。

(2)升华干燥:升华干燥可分一次升华干燥和反复预冻升华干燥两种。一次升华干燥适用于低共熔点−10~−20 ℃的制品,且溶液浓度、黏度不大,装量厚度在 10~15 mm 的,如粉针剂。反复预冻升华干燥适用于某些熔点较低,或结构比较复杂、黏稠,如蜂蜜、蜂王浆等产品。

(3)再干燥:升华完成后,温度继续升高至 0 ℃或室温,并维持一段时间,使已升华或残留的水分被抽尽。再干燥可保证冻干制品含水量低于 1%,并有防止回潮作用。

(二)冻干粉针剂生产工艺流程

凡是在水溶液中不稳定对热敏感的药物,均可采用冷冻干燥法制备。具体过程是:将药物配制成无菌水溶液,在无菌条件下经过滤、灌装,冷冻干燥(先预冻成固体,然后在一定真空度和低温下直接升华除去水分,干燥药物粉末),再充惰性气体,封口而成,其工艺流程见图 19-3。

图 19-3 冻干粉针剂生产工艺流程图

二、实训用物

全自动胶塞清洗机、圆盘式理瓶机、超声波洗瓶机、灌装机、冷冻干燥机、滚压式轧盖机、不干胶贴标机等。

三、实施要点

（一）原材料准备

1. 药液配制　制备冻干无菌粉末前药液的配制基本与水性注射剂相同，具体步骤详见"实训十六"的操作要点。

2. 容器、胶塞清洗、灭菌　具体步骤详见"实训十七"的操作要点。

（二）灌装

1. 抗生素瓶灌装机标准操作规程

（1）开机前检查设备清洁的情况；空机试运转，检查各部件运转情况，在各运转部位加上润滑油。

（2）用不锈钢盘子将灭菌后的瓶子推入理瓶机转盘并放满。

（3）已灭菌的胶塞倒入料斗中，调节振荡器使轨道里面排满橡胶塞，使输送速度达到一定范围再开主机。

（4）调节装量，将药液由吸料管吸入；开动主机，取3～5个抗生素瓶灌装药液测量装量，合格后正式生产运行。

（5）先开启理瓶转盘和输送带，开吸盖真空，再开主机。瓶子经理瓶机进入送瓶机构，靠拨轮上的圆弧进行定位。灌装、盖塞的过程是呈直线式，液体从针管内灌注到瓶内，与此同时后面的盖塞工位上橡胶塞往瓶口落，完成了灌装半扣塞过程。

（6）灌封结束后，关闭灌封机开关然后切断电源插头。

（7）清场，填写抗生素瓶灌装生产记录和清场记录（图19-4）。

2. 安全要点　灌装过程中不许用抹布擦轧道上的油垢防止伤手；不能用手去取从料斗中下来没扣在抗生素瓶上的胶塞；灌装过程中若有倒瓶、卡瓶现象，要停机清理。

图19-4　灌装机排瓶、灌装

（三）冷冻干燥

冷冻干燥机(图 19－5)标准操作规程

(1) 开机前检查设备清洁情况;打开冷却水,检查真空泵油表,油面是否在视镜的两条油标线之间;检查压缩机中是否有油,相关的制冷阀门是否处于开的状态。

(2) 开动真空泵及压缩机空机试运转,检查各部件运转情况,均无问题方可正式开机。

(3) 打开 FP(循环泵),混合液介质在板层中循环大约 10 秒钟。打开 CP1 压缩机,1♯将启动 10 秒钟后板冷电磁阀 1(FVS1)再打开。打开 CP2 压缩机 2♯将启动,然后 10 秒钟再按下板冷电磁阀 2(FVS2)。

(4) 冷凝:当制品温度达到工艺要求的温度(按品种而定)并保持 1 个小时每块板的测温探头都达到－35 ℃～－40 ℃,将板冷电磁阀(FVS1、FVS2)关闭,打开(FVC1、FVC2,)此时压缩机 1♯和 2♯对冷凝器进行降温。

(5) 抽真空:等后箱冷凝器温度降至－40 ℃以下并保持一段时间然后打开 VP1、VP2(真空泵 1♯、2♯)过 5 分钟后打开小蝶阀、真空泵,对冷凝器进行抽空,操作面板上真空仪显示对后箱预抽 30 分钟后。

(6) 升华阶段:打开大蝶阀、真空泵,将对整个系统抽真空。此阶段其水分在真空的作用下大量升华,为稳定升华速度,板层需加热向制品提供能量,板层的加热一般应在箱内真空度达到 10 Pa 以下进行。

(7) 二次干燥:升华阶段结束后制品中还剩下 5%～10%的水分,此时提高板层温度、干燥箱的压力,以增加供热量,加快热量传送。打开掺气微调阀来控制,设计值一般在 10～30 Pa。

(8) 一旦产品的温度达到最高的许可温度之后,应使干燥箱恢复高真空,时间一般保持 2 小时左右。

(9) 冻干结束:关闭大蝶阀,依次关闭小蝶阀、真空泵、冷凝器、电磁阀 1、2,FVC1、FVC2、电加热、循环泵;打开放气阀,使箱内压力恢复大气压。制品出箱后,将所有开关复位,关闭电源开关,关闭冷却水。

(10) 冷凝器除霜等清洁工作,填写冷冻干燥机生产记录和清场记录。

图 19－5　真空冷冻干燥机组

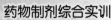

（四）密封

应在真空或充惰性气体条件下密封包装，以利于储存。

（五）异物检查

逐瓶灯检轧好盖的中间产品，将不合格品挑出。

（六）贴签包装

操作流程：贴签→装盒→成品检查→封盒装箱。从轧盖→异物检查→贴签包装的具体步骤详见"实训十七"的操作要点。

1. 注射用冷冻干燥制品的特点有哪些？冷冻干燥的原理是什么？简述冷冻干燥制剂生产过程。

2. 冷冻干燥方法除用于制药外，还有哪些应用？

冷冻式干燥机的保养规程

1. 冷冻式干燥机外部的保养　主要是定期清洁冷干机的外部，一般用湿布擦拭后用干布拭净，尽量避免直接用水喷洗，以免使电器部分遇水损坏或绝缘性降低。另外，也不要使用汽油等挥发油、稀释剂和其他化学药品进行擦洗，否则会造成外壳褪色、变形及油漆剥落。

2. 自动排水器的保养　定期清洗排水器内滤网，以免堵塞而失去排水作用。

3. 风冷式的冷凝器保养　冷凝器的肋片间距只有 2～3 mm，极易被空气中的尘埃堵塞，造成散热不良，应定期进行清洗，一般用压缩空气喷洗或用铜刷刷洗。

4. 水冷式的水过滤器保养　水过滤器主要是为了防止冷却水中的固态杂质进入冷凝器而影响换热，应定期对滤网进行清洗，以免使水循环量不足，造成热量散发不出去。

5. 机组内部的保养　在停机的时候，应定期对内部机件做吸尘清洗处理。

6. 在保养过程中，应注意保护制冷系统，以免损坏。

 实训考核

【生产冻干粉针剂的评分标准】

班级：　　　　　　姓名：　　　　　　学号：　　　　　　得分：

测试内容		技能要求	分值	得分
操作前准备		1. 检查核实清场情况，检查清场合格证 2. 对设备状况进行检查，确保设备处于合格状态 3. 对生产用的工具的清洁状态进行检查	15	
操作过程	理瓶	正确操作设备；减少抗生素瓶的破损率	5	
	洗瓶 洗胶塞	1. 按操作规程开启全自动胶塞清洗机，对胶塞清洗灭菌 (1) 正确操作胶塞、硅油由滚筒进料门进料 (2) 正确选择各开关、设定工作温度参数等，进行清洗、灭菌 2. 按操作规程开启超声波洗瓶机及各阀门，对抗生素瓶清洗 (1) 正确开启各阀门 (2) 正确启动设备，并调整至适当速度 (3) 按正确顺序停止超声波洗瓶机，关主机、关加热装置、关水泵、关闭各阀门 3. 按操作规程开启灭菌干燥机，对抗生素干燥灭菌 (1) 设定工作温度 (2) 检查进出口层流风速 (3) 正确选择各开关进行灭菌	10	
	配制	1. 正确使用天平称量原辅料 2. 按正确步骤投料 3. 正确启动设备 4. 药液精滤至澄明(无毛、点、块)	10	
	灌装 加塞	按操作规程开启抗生素瓶灌装机 (1) 合理调节装量，试运行胶塞振荡器和走瓶系统 (2) 运行中经常抽查装量，超出装量应对药液调节阀进行调节 (3) 按正确步骤关闭灌装机	13	
	冷冻干燥	1. 正确操作冷冻干燥机 2. 合理控制压力和冷冻、升华温度	12	
	密封	1. 正确操作轧盖机 2. 剔出轧盖不合格品，重新轧盖	8	
	灯检	先检查外观质量，再检查有无杂质，挑出不合格品	6	
	印包装	核对批号、说明书、标签的内容及包材数量	6	
清场		按要求清洁制药设备及厂房	5	
实训报告		实验报告工整，项目齐全，结论准确	10	
合　计			100	

监考教师：　　　　　　　　　　　　考核时间：

（汤　洁）

143

项目五 口服液体制剂生产流程与设备操作

实训二十 口服溶液剂生产流程与设备

实训目标

1. 掌握口服液制备工艺。
2. 掌握超声波洗瓶机、隧道式灭菌干燥箱、灌封机的标准操作规程。
3. 了解相关设备的基本构造,并做好清洁养护工作。

实训内容

一、相关内容

（一）口服溶液剂实训设备介绍

1. 立式超声波洗瓶机（图 20-1） 该机为立式转鼓结构,采用超声波清洗与水气交替压力喷射清洗相结合的方式,可自动完成输瓶、超声波清洗、水气交替冲洗、出瓶等工序。

图 20-1 立式超声波洗瓶机

2. 远红外灭菌干燥机　远红外灭菌干燥机(图 20-2)主要用于口服液瓶的烘干灭菌处理,是以整体隧道式结构,容器经输送带进行预热、烘干灭菌、冷却,采用石英管远红外辐射对容器进行干燥、灭菌。

图 20-2　远红外灭菌干燥机

3. 口服液灌轧机　口服液灌轧机(图 20-3)是用于易拉盖口服液玻璃瓶的自动定量灌装和封口的设备,能自动完成输瓶、计量灌装、理盖、戴盖、轧盖、出瓶等工序。

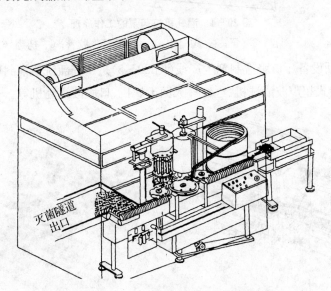

灭菌隧道
出口

图 20-3　YGZ 系列灌轧机外形图

灌轧机的结构功能(图 20-4):

(1) 输瓶部分采用螺旋杆蛟龙将瓶垂直送入转盘。

(2) 灌药的关键部件是泵组件和药量调整机构能定量灌装药液。打药泵的柱塞由斜盘带动,调整斜盘的倾斜角可以调整柱塞的行程,从而调整打药量。阀杆控制药泵内药液的吸入和打出过程。当柱塞由最高点向下运动时,阀杆向右滑动,泵从药罐经过阀杆上的直孔吸取药液;当柱塞上行时,阀杆向左运动,泵缸和阀杆上弯孔和胶管相连,泵缸内药液经阀杆和胶管打到口服液瓶内。阀杆在阀门体内被带动做往复运动。

(3)送盖部分主要由电磁振动台、滑道实现瓶盖的翻盖、选盖,实现瓶盖的自动供给。

(4)封口部分主要由三爪三刀组成的机械手完成瓶子的封口。

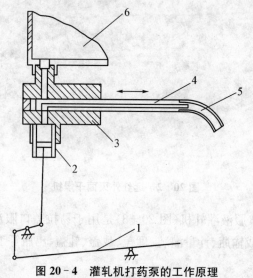

图 20-4 灌轧机打药泵的工作原理

1—斜盘;2—泵;3—阀门体;4—阀杆;5—胶管;6—药罐

4. 口服液联动设备 口服液制剂生产线(图 20-5)是由安瓿洗烘灌封联动机组演变而来,其主要组成有旋转式超声波清洗机、远红外灭菌干燥机、口服液灌轧机等。

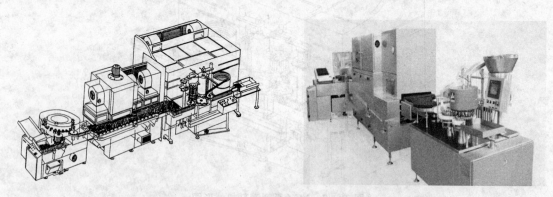

图 20-5 口服液自动灌装联动机组外形图、实物图

(二)口服液生产工艺流程

口服溶液剂是指药物溶解于适宜溶剂中制成澄清溶液并供口服的液体制剂。目前口服溶液剂市场中因口服液占有很大的份额,所以本次实训主要阐述口服液的生产工艺特点。

口服液是指将原药材用水或其他溶剂,采用适宜的方法提取,经浓缩制成的内服液体剂型。与传统的汤剂相比,口服液具有口感好、服用量少、吸收快、质量稳定、携带和服用方便等特点。

根据灭菌条件,口服液可分为非最终灭菌口服液和最终灭菌口服液。对非最终灭菌的物料暴露工序的操作应在B级洁净区进行,最终灭菌的物料暴露工序的操作应在C级洁净区进行。

口服液的生产工艺:

(1)原辅料准备,饮片的炮制、洗净、加工成片、段或粗粉等。

(2)配制过滤:提取,原药料按煎煮、渗漉等方法进行浸提;精制,采用水提醇沉静化处理或酶处理法来减少口服液的沉淀,提高质量;浓缩,滤过后的提取液经三效浓缩蒸发器真空浓缩。

(3)分装,口服液灌装轧盖机完成灌装和封口。

(4)灭菌检漏,采用湿热灭菌法进行灭菌。

(5)贴签包装,完成后成品入库。其工艺流程见图20-6。

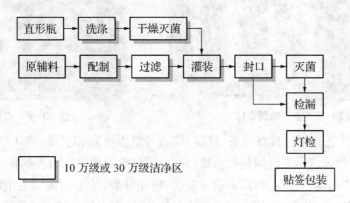

图20-6　口服液生产工艺流程图

二、实训用物

多功能提取罐、浓缩罐、沉淀罐、配料罐、圆盘式理瓶机、超声波洗瓶机、远红外灭菌干燥机、口服液灌轧机、贴标机等。

三、实施要点

(一)口服液药液的配制

1. 药液提取、浓缩

(1)提取、浓缩标准操作规程

①称量、配料:取处方量称量中药,并仔细核对药材的品名、批号、数量,经复核无误后投料。

②提取:按生产工艺操作煎煮法多次提取,合并煎煮液并滤过。使用多功能提取罐应严格控制温度表、压力表、冷却水温度以及煎煮的时间(图20-7)。

③减压浓缩:使用前清洗浓缩设备,检查无障碍后进行浓缩。操作时将浓缩罐的真空度控制在-0.04~-0.06 MPa范围内,蒸汽压控制在0.1 MPa沉淀,温度控制在(80±5)℃。当中

药流浸膏的密度控制在 1.06±0.03,停止浓缩(图 20-8)。

④精制:用 200 目筛网滤过浓缩液,在沉淀罐中静置 48 小时,取上清液装桶,包装,贴签,检查,存入中转室,备用。

⑤清场:填写提取、浓缩的生产记录和清场记录。

图 20-7　多功能提取罐

图 20-8　浓缩罐

(2)要点:由工艺技术员检查设备、仪器、仪表等是否可靠和灵敏,确认后方可进行压力容器的生产使用;提取阶段煎煮时间是指沸腾时间。浓缩阶段蒸汽压力控制在 0.2 MPa 以下;严密监视浓缩罐液面高度,料液不得高于第一视镜,防止冲料;浓缩到第二视镜以下时,从检察口放液,测定相对密度;严防浓缩过度,产生焦块和粘壁,影响产品质量及设备使用。

2. 药液配制

(1)配制标准操作规程

①先核对物料的品名、规格、批号、数量,无误后进行配制。

②将处方量的药材提取液倒入配料罐中,加热煮沸,保持微沸状态 30 分钟。

③用 0.8 μm 孔径钛棒(微孔滤膜)加压过滤,在密闭状态下放至常温,再加入溶剂混合均匀至全量。

④QA 取样,QC 检测半成品的 pH、含量、相对密度,合格后分装。

⑤在贮液罐上挂上标签及状态标志牌。

⑥清场,填写配制生产记录和清场记录。配料罐见图 20-9。

图 20-9　配料罐

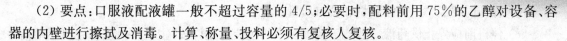

（2）要点：口服液配液罐一般不超过容量的4/5；必要时，配料前用75%的乙醇对设备、容器的内壁进行擦拭及消毒。计算、称量、投料必须有复核人复核。

（二）口服液瓶清洗和灭菌

1. 口服液洗瓶、灭菌　将口服液直形瓶转移至清洁的周转盘中，试机后，进入上机洗瓶工序，依次开动饮用水、纯化水、洁净高压空气、高热空气各喷头，进行超声波和水气交替冲洗过程。具体步骤详见"实训十六"的操作要点。

（1）远红外加热灭菌干燥机标准操作规程

①检查电动机、电器有无卡住、脱落部件的现象，各机构动作是否正常及各润滑点的润滑状况。

②接通电器控制箱的电源主开关，在"温度控制"仪上设定工作温度。

③启动"日间工作"按钮；检查进出口的层流风速是否达到0.5 m/s。

④旋转"电源转换"开关，观察"电源指示"表，检查电热管加热情况，检查完后，将"电源转换"开关调至"0"。

⑤将"手动"、"自动"选择转向"自动"（单机操作时调至"手动"）。

⑥停机时按"日间停机"按钮，日间指示信号灯熄灭，传送带停止运行，此时各风机继续运行，电源指示灯亮，其他指示灯灭；当灭菌干燥机内的温度降至100 ℃以下，风机自动停止运行，此时关闭电源开关，电源指示灯灭。

⑦清场，填写生产记录和清场记录。

（2）设备调整要点

①进口部位挤瓶、缺瓶的调整。调节限位板，使弹簧松紧适中，使接近开关能正确感知挤、缺瓶状况。

②出口部位挤瓶、缺瓶的调整。根据机器运行情况、烘箱内瓶子松紧程度调节出口尼龙圆弧条的曲度。

③机器完全停机时，隧道内需清空。

④机器需夜间操作时，必须要保证夜间电网回升电压不得超过420 V。

2. 瓶盖灭菌　将瓶盖转移至清洁的周转盘中，用饮用水冲洗后，再用纯化水冲洗，淋干，按生产量转移至臭氧灭菌柜中，开机灭菌1.5小时后，装入洁净容器中备用。

（三）口服液灌装封口

1. 口服液灌轧机（图20-10）标准操作规程

（1）操作前要用摇手柄按顺时针方向转动机器，检查机器是否灵活，动作配合是否正确。

（2）将各传动链轮、齿轮、凸轮、滚子及其他各传支部位注入适量润滑油。

（3）将瓶盖加入振荡器，启动开关，调节速度使瓶盖停留在下盖头等候。

（4）进瓶斗里加入瓶子，注意要整齐不要翻倒。

（5）调节压柱塞泵使灌装量达到合格要求。

（6）根据物料黏度及灌装量来调节灌装速度，更换皮带轮皮带位置。

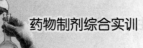

（7）操作时要经常检查灌装量和锁口质量。

（8）停机前应停止供药液、瓶和盖，清理多余的包装物品。按"主机停机键"，主机驱动信号灯熄灭，主机停止运行。

（9）按清洗规程对机器全面清洗，恢复至备用状态。

（10）清场，填写灌封生产记录和清场记录。

图 20 - 10　口服液灌轧机

2. 要点　操作中，时刻注意装量、锁口情况。每当机器进行调整后，一定要将松过的螺丝紧好，用摇手柄转动机器查看启动符合要求后方可以开机。

（四）检漏、灯检

口服液检漏和灯检步骤详见"实训十六"的操作要点。

（五）贴签包装

根据灌封半成品数，核对包材数量，出库时需双人复核保证数量，填写领料单。标签、合格证的批号应根据指令单更换，并完成贴签→装盒→成品检查→封盒装箱这几步过程。具体步骤详见"实训十七"的操作要点。

　思考题

1. 试比较小容量注射剂和口服液在生产中存在哪些异同点。

2. 口服液灌轧机操作时注意事项有哪些?

口服液灌轧机保养规程

1. **口服液灌轧机外部保养** 在生产结束后要及时将台板罩上面的玻璃碴、液体等清理干净。每周应彻底擦洗一次,特别要将平常使用中不容易清洁到的地方擦拭干净或用压缩空气吹净。

2. **机架部件传动部件** 定期在轴承座、凸轮槽、齿轮加适量润滑油或润滑脂;检查滚针轴承、凸轮等易损件是否损坏,若损坏应及时更换。

3. **灌装泵部件** 灌装计量泵严禁在无液体状态下使用。每次清洗灌装计量泵时需单个清洗。若出现灌装计量泵损坏,要及时更换。硅胶管使用一段时间后会出现老化现象,要定时更换。

4. **输瓶网带、中间过瓶、出瓶拨轮部件** 定期检查链条式输瓶网带、瓶托是否损坏,拨轮、栏栅、链轮、链条有没有磨损,若出现磨损或损坏要及时更换。

5. **理盖、下盖部件** 若出现振盖跟不上,应检查振荡斗底座里面的弹片是否出现松动。

6. **三刀式轧盖组** 轧刀头在上升段偶尔出现卡住现象,将导向板的位置向轧盖组运动的相反方向移动一点距离后固定。定期检查调节套、定位块、齿轮、凸轮是否磨损。

实训考核

【生产口服液的评分标准】

班级：　　　　姓名：　　　　学号：　　　　得分：

测试项目		技能要求	分值	得分
操作前准备		1. 检查核实清场情况,检查清场合格证 2. 对设备状况进行检查,确保设备处于合格状态 3. 对生产用的工具的清洁状态进行检查	10	
操作过程	理瓶	正确操作设备；减少口服液瓶的破损率	5	
	洗瓶、瓶盖	正确操作设备,合理设定参数(水气的澄明度、压力等)	12	
	配制	1. 正确使用天平称量原辅料 2. 按正确步骤投料 3. 正确启动设备 4. 请验,检查相对密度、pH等指标	12	
	灌轧	1. 正确调节灌注组件、锁扣装置、振荡器 2. 手动盘车,观察机器各部位运转是否协调,并调节走瓶速度 3. 经常抽查装量,剔出轧盖不合格品 4. 按正确步骤关闭灌轧机	20	
	灭菌检漏	1. 每次灭菌前检查柜内各点的温度探头是否完好 2. 控制好压力系数、灭菌时间、温度及冷却出柜温度 3. 按正确步骤打开柜门取出灭菌产品	12	
	灯检	先检查外观质量,再检查澄明度,挑出不合格品	7	
	贴签包装	核对批号、说明书、标签的内容及包材数量	6	
清场		按要求清洁制药设备及厂房	6	
实训报告		实训报告工整,项目齐全,结论准确	10	
合　计			100	

监考教师：　　　　　　　　考核时间：

（汤　洁）

实训二十一　糖浆剂生产流程与设备

1. 掌握糖浆剂的制备工艺。
2. 掌握直线式灌装旋盖机、电磁感应铝箔封口机的标准操作规程。
3. 了解相关设备的基本构造,并做好清洁养护工作。

一、相关内容

(一)糖浆剂实训设备介绍

1. **糖浆剂灌装设备** YGXB-100型直线式液体灌装旋盖机(图21-1),是由传送带、灌装头、转盘、电磁振荡器、计量泵等部件组成,可完成灌装、上盖、旋盖、出瓶的工序。工作原理如下:

(1)灌装:瓶子通过传送带输送至灌装头下方受挡于拨盘停止向前,此时四支灌装头经过凸轮同步下压至瓶子内部、由四支定量活塞泵控制装量完成灌装。

(2)上盖:瓶盖通过电磁振荡器产生振动,使盖子沿着料槽向上输送,通过下滑轨道送至瓶口上,再由压盖头压紧瓶盖。

(3)旋盖:灌装完毕的瓶子通过传送带送至转盘上,转盘通过槽轮箱做间歇运转。当载有上盖的瓶子转至旋盖箱体底部做间歇停顿时,旋盖头通过凸轮下压并且顺时针旋转,从而带动瓶盖旋紧。

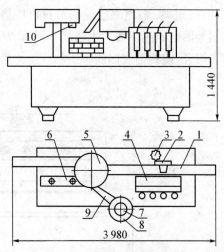

图21-1　直线式灌装旋盖机

1—传送带;2—灌装头;3—拨盘;4—计量泵;
5—转盘;6—旋盖箱体;7—电磁振荡器;
8—料槽;9—下滑轨;10—旋盖头

153

灌装中计量泵传动系统(图21-2)是一凸轮摇杆机构,与后链轮共轴的曲柄带动活塞杆在泵的缸体内上下往复运动,实现药液的吸灌。当活塞向上运动时,向容器中灌注药液,活塞向下运动时,从贮液槽中吸取药液。而与链轮同轴的凸轮则通过微动开关控制挡瓶机构的电磁铁。

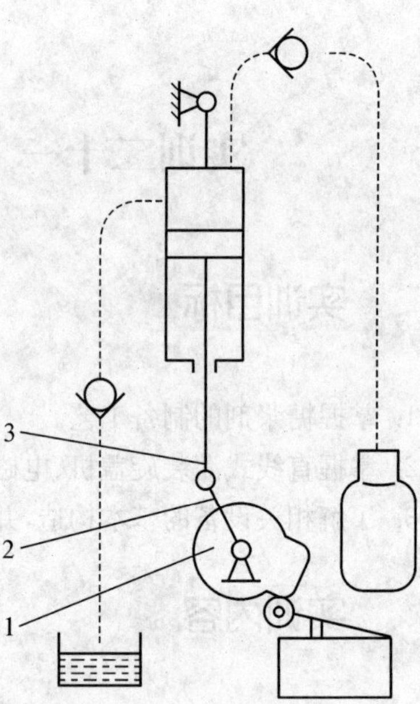

2. 电磁感应铝箔封口机

(1) GLF-2000型全自动高速电磁感应铝箔封口机(图21-3)的结构

①升降轮:用于升降"封口盒"从而调整封瓶高度。

②封口盒:将下面经过的封口瓶的铝箔进行感应加热。

③输送带:输送要进行封口的瓶子,让封口瓶经过封口盒进行加热。

④导板:引导输送带上的瓶子,使之对准封口盒中心位置,从而让封口瓶的铝箔更好地加热。

图21-2 计量泵传动系统
1—凸轮;2—曲柄;3—活塞杆

(2) 工作原理:电磁感应铝箔封口机将其超高频电流输送到感应盒(封口盒);感应盒下的瓶口铝箔因电磁感应而产生超高频涡流,从而瞬间产生高温,与其接触的瓶口塑料亦瞬间熔化使两者熔合,使铝箔表面的一层粘胶熔化后与瓶口材料胶合,达到高效高质密封口效果。

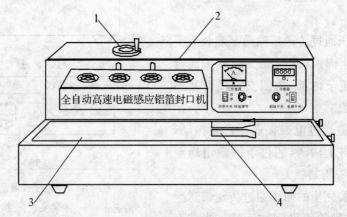

图21-3 GLF-2000型全自动高速电磁感应铝箔封口机
1—升降轮;2—封口盒;3—输送带;4—导板

(二)糖浆剂的辅料

1. 蔗糖 制备糖浆剂所用的原料蔗糖应符合药典规定。蔗糖属于双糖类,水溶液较稳定。但加热过久或超过100 ℃,特别在酸性条件下蔗糖易转化水解生成转化糖(葡萄糖与果糖)。含转化糖的糖浆具有还原性,可延缓某些易氧化药物的氧化变质,但也能加速糖浆本身的发酵变质。药典规定转化糖不得超过 0.3%。

2. 防腐剂　糖浆剂因含有糖等营养性成分,在制备和储藏过程中易被微生物污染,使糖浆长霉和发酵导致酸败,特别是低浓度的糖浆剂,应添加防腐剂。

常用于糖浆剂中的防腐剂有羧酸类及尼泊金类。羧酸类中常用 0.1%～0.25%苯甲酸、0.05%～0.15%山梨酸、丙酸。此三种羧酸的钠盐也可应用,但浓度应提高,如苯甲酸钠常用浓度为 0.15%～0.35%。尼泊金类对真菌的抑制效能较羧酸类为强,对酵母菌的抑制效能不如羧酸类,对细菌的抑制效能较弱。此类防腐剂的用量、毒性较低,广泛用于糖浆剂、煎膏剂的防腐,适用于弱酸性和中性的药液,但仍以偏酸性效果为佳。

挥发油类具有不同程度的辅助防腐及芳香矫味作用,当混合使用时防腐效果可增强。例如含蔗糖 40%的稀糖浆,加 0.04%橙皮油、0.01%八角茴香油和 5%乙醇的混合防腐剂,可达到抑霉和抑发酵效果。常用的挥发油有桂皮油、桉叶油、橙皮油、柠檬油或桂皮醛、紫苏醛等,其常用量为 0.06%左右。

3. 其他　高浓度的糖浆剂在贮藏中可因温度下降而析出蔗糖的结晶,加入适量甘油、山梨醇等多元醇可改善。

(三)糖浆剂生产工艺流程

糖浆剂是指含有药物或芳香物质的浓糖水溶液,属于溶液型液体药剂。一般情况下,药液的配制、瓶子清洗干燥、分装和封口、加塞等药液暴露的工序应控制在 D 级;不能热压灭菌的糖浆剂配制、滤过、灌封应控制在 C 级。糖浆剂的生产工艺见图 21-4。

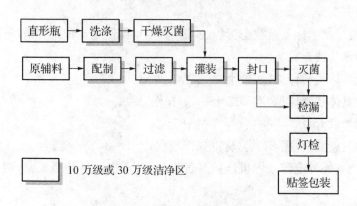

图 21-4　糖浆剂生产工艺流程图

糖浆剂的配制方法有三种:

1. 热溶法　将蔗糖加入一定量煮沸的蒸馏水或中药浸提液中,继续加热使溶解,再加入其他可溶性药物并搅拌溶解,趁热滤过,自滤器上加蒸馏水至规定体积,即得。本法适用于单糖浆及对热稳定的药物糖浆的制备。但加热时间不宜过长,否则转化糖含量增加,成品颜色加深。

2. 冷溶法　将蔗糖加入蒸馏水或药物溶液中,在室温下充分搅拌,待完全溶解后滤过,即得。此法适用于对热不稳定或挥发性药物糖浆的制备。所得成品含转化糖较少,色泽较浅,但制备时间较长,生产过程中易污染微生物,故应用较少。

3. 混合法　在含药溶液中加入单糖浆及其他附加剂(如防腐剂、芳香剂等),充分混匀后,加蒸馏水至规定量,静置、滤过,即得。中药糖浆剂多用此法制备。

二、实训用物

多功能提取罐、浓缩罐、沉淀罐、配料罐、圆盘式理瓶机、超声波洗瓶机、远红外灭菌干燥机、直线式灌装旋盖机、电磁感应铝箔封口机、贴标机等。

三、实施要点

(一)糖浆剂药液的配制

1. 药液提取、浓缩　提取、浓缩标准操作详见"实训二十一"的操作要点。

2. 配液

(1)根据生产指令及领料单,领取辅料和浸膏,并核对品名、批号、数量。

(2)将浸膏、蔗糖等辅料倒入配料罐中,加纯化水至配液罐容量的 2/3 处,在 80 ℃以下加热使蔗糖溶解,开动配液罐搅拌器搅拌,停止搅拌、开汽煮沸 30 分钟,待冷至 50～60 ℃再继续搅拌 30 分钟,边搅拌边加热纯化水至全量。

(3)药液全部经不锈钢板框压滤机抽滤至贮液罐中,备用并请验(检测半成品的 pH、含量、相对密度)。

(4)在贮液罐上挂上标签及状态标志牌,清场,填写配制生产记录和清场记录。

(二)糖浆剂瓶清洗和灭菌

1. 清洗岗位具体步骤详见"实训十六"的操作要点。

2. 灭菌岗位具体步骤详见"实训二十一"的操作要点。

(三)糖浆剂灌装封口

1. 直线式灌装旋盖机(图 21-5)标准操作规程

(1)操作前检查外界电源与本机连接是否正确,各电机运行是否正常,机器上的紧固件是否松动、脱落。

(2)转盘的调整:先松开转盘压盖上的两只螺栓,转动转盘,使其任一瓶槽的中心位置对准瓶座的中心位置,然后收紧螺栓即可。

(3)转盘与旋盖头的同步调整:主机运转时,转盘做间歇运动、当每个瓶槽的中心对准瓶座的中心做停顿时,旋盖头应同步下压,下压的时间可以通过调整主机传动轴上的凸轮来完成,调整时只需松开凸轮上的紧固螺钉,调整到适当的位置再锁定。

(4)计量泵的计量调整:首先松开控制螺母,然后左旋或右旋调节螺栓,来调整计量的大小。

　　(5) 在振荡器中放入适量的瓶盖,使输送轨道布满瓶子。打开振荡器开关,把瓶盖预送到振荡器导轨出口处。

　　(6) 启动输送带开关,将空瓶输送至灌装头下。

　　(7) 按主机启动按钮,启动主机,开始灌装、旋盖。

　　(8) 生产结束关机时,按照以下顺序停机:主机停止—旋盖停止—振荡器关—输送带停止—总电源关。

　　(9) 按清洗规程对设备全面清洗,恢复至备用状态。

图 21-5　直线式灌装旋盖机

　　2. 电磁感应铝箔封口机标准操作规程

　　(1) 开机前,将要封口的瓶子放置在封口盒下,转动升降轮,使封口盒底面与瓶盖之间的间隙为 1~2 mm。

　　(2) 开启"启停开关",此时输送带开始运行,将少量糖浆瓶放在输送带上查看能否顺利通过封口盒。如果瓶子的瓶盖碰到封口盒,则需要调节升降轮,使瓶子能在输送带上顺利通过封口盒的下面。

　　(3) 可根据输送带的输送情况,调节输送带调节螺杆,使输送带的皮带能够达到理想的松紧程度和偏移位置。

　　(4) 将导板左右两块挡板调节到位。若瓶子不在输送带的中间位置,会被导板推至中间,便于通过封口盒下的中心位置,以达到较好封口效果。

　　(5) 根据封口口径和封口效果确定加热时间,调节转速旋钮使瓶子在封口盒下通过的时间与瓶口所需加热时间相吻合。试封瓶口,若瓶子封口效果不好,则需要调慢输送带速度,延长加热时间(调节转速旋钮);若瓶口和纸片都被烤黄(焦),则需要调快输送带速度(调节转速调节旋钮)。

　　(6) 完成以上步骤后,在封口瓶的封口效果比较理想时,设备可投入正式工作。

　　(7) 停机时,关闭启停开关和电源开关。

　　(8) 按清洗规程对设备全面清洗,恢复至备用状态。清场,填写灌封生产记录和清场记录。

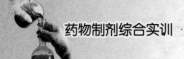

（四）检漏、灯检

糖浆剂检漏和灯检步骤详见"实训十六"的操作要点。

（五）贴签包装

1. 根据灌封半成品数,核对包材数量,出库时需双人复核保证数量,填写领料单。

2. 标签、合格证的批号应根据指令单更换,并完成贴签—装盒—成品检查—封盒装箱这几步过程。

3. 具体步骤详见"实训十七"的操作要点。

1. 糖浆剂易产生沉淀,其原因可能有哪些?

2. 糖浆剂灌装旋盖机的旋盖和输液剂中轧盖机的旋盖原理一样吗? 试说明原因。

灌装旋盖机保养规程

1. 检查设备接地线接触是否牢固,检查气动管路是否有漏气,气压是否稳定,电机链条松紧是否合适。

2. 要经常观察机械部件,看其运转是否正常,升降、转动是否有异常,并经常检查机器螺钉,一般每周对螺钉进行拧紧加固。

3. 电机需要定期更换润滑油。

4. 每日停机后要及时清理残料,做好清洁卫生工作,保持机器表面清洁,注意保持电控柜内的清洁。清洗时电机及线路部分需保持干燥,用抹布擦拭干净。

5. 长期停止使用时要将管道内部清洗干净,晾干后装箱保存。

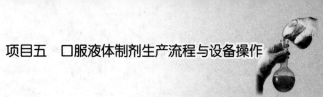

实训考核

【生产糖浆剂的评分标准】

班级：　　　　　　姓名：　　　　　　学号：　　　　　　得分：

测试项目		技能要求	分值	得分
操作前准备		1. 检查核实清场情况,检查清场合格证 2. 对设备状况进行检查,确保设备处于合格状态 3. 对生产用的工具的清洁状态进行检查	10	
操作过程	理瓶	正确操作设备;减少口服液瓶的破损率	5	
	洗瓶、瓶盖	正确操作设备,合理设定参数(水气的澄明度、压力等)	12	
	配制	1. 正确使用天平称量原辅料 2. 按正确步骤投料 3. 正确启动电蒸汽发生器、搅拌桨 4. 请验,检查相对密度、pH 等指标	12	
	灌装封口	1. 正确调节灌注组件、锁扣装置、振荡器 2. 手动盘车,观察机器各部位运转是否协调,并调节走瓶速度 3. 经常抽查装量,剔出轧盖不合格品 4. 按正确步骤关闭灌轧机	20	
	灭菌检漏	1. 每次灭菌前检查柜内各点的温度探头是否完好 2. 控制好压力系数、灭菌时间、温度及冷却出柜温度 3. 按正确步骤打开柜门取出灭菌产品	9	
	灯检	先检查外观质量,再检查澄明度,挑出不合格品	7	
	贴签包装	核对批号、说明书、标签的内容及包材数量	10	
清场		按要求清洁制药设备及厂房	5	
实训报告		实训报告工整,项目齐全,结论准确	10	
合　计			100	

监考教师：　　　　　　　　　　　　考核时间：

（汤　洁）

项目六　外用制剂生产流程与设备操作

实训二十二　软膏剂的配制与乳化操作

实训目标

在模拟仿真生产环境下使用真空均质乳化机进行制膏。

1. 掌握软膏剂的配制方法。
2. 掌握均质真空乳化机的操作流程以及维护。

实训内容

一、相关知识

软膏剂的制备主要有基质和药物的处理、配制、灌装、封口等工序,其中配制和灌装封口尤为重要。本次任务就是掌握配制流程中真空均质乳化机的操作步骤和使用中的注意事项,使学生能够熟练使用均质乳化机。

软膏剂制备的一般工艺流程见图 22 - 1。

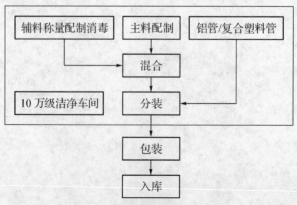

图 22 - 1　软膏剂制备的工艺流程图

（一）软膏剂

软膏剂是指药物与适宜的基质均匀混合制成的、具有一定黏稠度的半固体外用制剂，主要用于皮肤、黏膜表面，起到局部保护和治疗的作用。

软膏剂基质既是软膏剂的赋形剂，也是药物的载体，其性质和质量对软膏剂的质量和药物的释放与吸收都有重要的影响。软膏剂的基质一般有以下三种：

1. 油脂性基质　油脂性基质属于强疏水性物质，包括：烃类、类脂及动、植物油脂等。此类基质的特点是润滑、无刺激性，涂于皮肤上能形成封闭性油膜，对皮肤有保护、软化作用，但是释药性能差，不适用于有渗出液的创面，不易用水洗除。主要用于遇水不稳定的药物，一般不单独使用。

2. 乳剂型基质　乳剂型基质是油相与水相借乳化剂的作用在一定温度下混合乳化，最后在室温下形成的半固体的基质。乳剂型基质是由油相、水相和乳化剂三部分组成的，其中油相是固体与半固体，如硬脂酸、蜂蜡、凡士林等。此类基质中所含乳化剂具有表面活性作用，对水和油均有一定的亲和力，可以与创面渗出物或分泌物混合，药物的释放、穿透皮肤的性能都要比油脂性基质强，对皮肤正常功能影响小，易洗除。

3. 水溶性基质　水溶性基质是由天然或合成的水溶性高分子物质溶解在水中形成的半固体状的凝胶。用于制备此类基质的高分子物质有甘油明胶、淀粉甘油和聚乙二醇类等，目前常用的是聚乙二醇类。水溶性基质释药速度快，无油腻性，易涂布，能与水溶液混合，能吸收组织渗出液，多用于湿润、糜烂创面，有利于分泌物的排除。但是其润湿性差，不稳定，易霉败，水分易蒸发，一般要求加入防腐剂和保护剂。

（二）生产方法

1. 研合法　基质中各组分及药物在常温下能均匀混合时用此种方法。由于制备过程中不加热，所以也适用于不耐热的药物。混入基质中的药物常常是不溶于基质的，这种方法生产效率低。

2. 熔合法　软膏中含有不同熔点的基质，在常温下不能均匀混合的，可以用此种方法。如果主药能在基质中溶解，则可以将药物直接加至熔融的基质中；不溶性的药物细粉可筛入熔融或软化的基质中。熔融时一般先将熔点高的物质熔化，再熔化较低的物质，最后加入液体成分，以免使低熔点物质受高温分解。在熔融及冷凝过程中，均应不断搅拌，直至冷凝为止。

3. 均质乳化法　乳化法是专门用于制备乳剂型基质软膏剂的方法。操作时，将处方中油脂性组分合并且加热熔化成液体，作为油相，保持油相温度在 80 ℃左右；另将水溶性组分溶于水中并加热至与油相同温或略高于油相温度（可以防止两相混合时油相中的组分过早凝结），混合油、水相并不断搅拌，直至乳化完全并冷凝成膏状物即得。

（三）均质真空乳化机介绍

以 KRHA-150 均质真空乳化机（图 22-2）设备为例，介绍均质真空乳化机。

1. 用途与性能 均质真空乳化机是使用乳化法生产乳剂型基质软膏剂的主要设备,此套设备主要用于高黏性乳化物,特别是膏霜、软膏、乳剂类产品的制造。

2. 机组结构 真空均质乳化机组由乳化锅(可升降锅盖、翻转式锅体)、水锅、油锅、真空装置、加热及温度控制系统、冷却系统、电器控制系统等组成。

3. 工作原理 物料在水锅、油锅内通过加热、搅拌进行混合反应后,由真空泵吸入乳化锅,通过乳化锅内上部的中心搅拌,

图 22-2 KRHA-150 均质真空乳化机
1—油锅;2—水锅

聚四氟乙烯刮板始终迎合搅拌锅形体,扫净挂壁粘料,使被刮取的物料不断产生新界面,再经过叶片与回转叶片的剪断、压缩、折叠,使其搅拌、混合而向下,流往锅体下方的均质器处。物料再通过高速旋转的切割轮与固定的切割套之间所产生的强力的剪断、冲击、乱流等过程,在剪切缝中被切割,迅速破碎成 200 nm～2 nm 的微粒。由于乳化锅内处于真空状态,物料在搅拌过程中产生的气泡被及时抽走(图 22-3、图 22-4)。

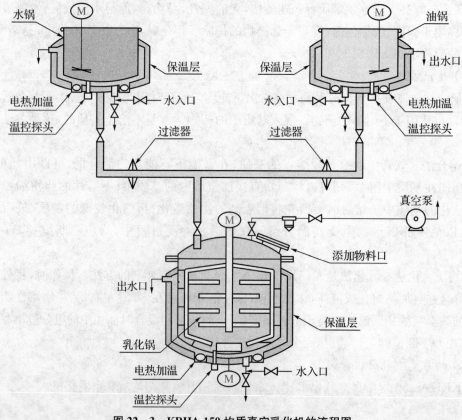

图 22-3 KRHA-150 均质真空乳化机的流程图

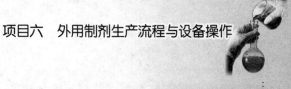

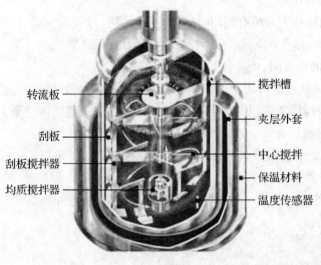

转流板

刮板

刮板搅拌器

均质搅拌器

搅拌槽

夹层外套

中心搅拌

保温材料

温度传感器

图 22-4　乳化锅的内部结构图

二、实训用物

1. 仪器　电子秤、烧杯、电炉、均质乳化机。

2. 材料　乳膏基质(鲸蜡醇、单甘醇、硬脂酸、白凡士林、液状石蜡、甘油等)。

三、实施要点

以 KRHA-150 可倾斜式均质真空乳化机为例,介绍其操作过程。

(一) 操作前准备

1. 检查各润滑部位的情况,如有必要,应对必要的部位加注润滑油。

2. 检查乳化锅内是否放有东西。

3. 检查电气线路

(1) 检查电源以及线路。

(2) 检查线路板上电线接头号码是否与接线柱上的一致。

(3) 检查设备上的限位开关是否动作正确。

(4) 检查控制箱内的热动继电器是否动作正确。

(5) 检查控制箱内的热动继电器是否数据设定正确。

(二) 操作规程

1. 开盖操作　启动液压泵提升上盖。提升上盖前,先检查真空压力表是否指示在零位。打开液压阀,启动液压上升按钮,上盖提升至限定高度,因限位开关动作上升自动停止。上盖提升速度,可由液压阀门的开关程度控制。

2. 上盖下降　应检查乳化锅是否回复正常位置。如乳化锅在横位状态,应翻转回复正常

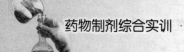

位置,启动液压下降按钮,使上盖缓慢下降。

3. 真空操作　盖好上盖,关闭连接上盖所有阀门,启动真空泵按钮,打开真空阀门,真空压力表上即显示真空度,达到真空度要求时关掉真空泵。检查在常温状态下真空度有否下降。检查阀门关闭状态,检查上盖与锅口的密封圈,检查各 O 形密封圈。

4. 搅拌操作　操作前应检查电动机的转动方向,确认真空泵或液压油泵的转动方向无误。启动控制板上的均质器按钮和刮板搅拌器按钮,并参照交频控制器说明书、调整转速至工艺要求(注:锅内无物料时严禁启动均质器)。

5. 温度控制　共有 4 个阀门,2 个控制蒸汽进、出口,2 个控制冷却水进、出口。手控阀门的启闭程度控制至所需温度。

6. 产品排放　打开吹气阀排除锅内真空。启动液压上升按钮,提升上盖并确认在最高位置。使用翻转装置手轮倾倒锅体出料。

(三)生产结束

1. 收集剩余的物品,标明状态,交中间站。

2. 按《可倾斜式均质真空乳化机清洁操作规程》对设备、房间进行清洁消毒。

3. 填写清场记录,经 QA 质监员检查合格,在批生产记录上签字,并签发"清场合格证"。

知识拓展

KRHA-150 型均质真空乳化机检查及维护

(一)清洁和保养

1. 表面清洁　清洗时应用纯化水润洗丝光毛巾后擦洗设备表面(电机及不锈钢连接头、罐盖、罐体、罐脚、压缩空气管道、电源线表面以及阀门等部件)无明显可见物为止。待腔室清洗完成,最后用 75% 的乙醇或 0.5% 的新洁尔灭消毒擦拭其表面备用。

2. 腔室清洁　打开罐盖上的加料口,加入饮用水,使主锅加热到 80 ℃,开启电机搅拌 20 分钟,搅拌频率为 25 Hz,均质时间 5 分钟,使基质溶解,停机,排放废水。在卸料口处安装废水排水管,将管通向水池;打开主锅的排料阀门,这样釜体中的废水通过排水管流出体外;自来水清洗完成后,除去残留的基质,用 130 L 纯化水并加入 100 g 氢氧化钠浸泡 4 小时以上,再加入约 200 ml 的 36% 的盐酸中和,搅拌 10 分钟,排出中和后的水;然后用纯化水清洗 1 次、注射用水清洗 1 次。清洗完成以后,应检查漂洗水的澄明度符合标准(不得有异物、黑点和乳光现象,水的澄明度应与加入的纯化水无明显差异)。

3. 釜盖内表面及加料口的清洁

(1) 加料口的清洁:用丝光毛巾蘸取热注射用水仔细擦拭至设备本色。

(2) 釜盖内表面的清洁:升起釜盖,再用丝光毛巾蘸取热注射用水仔细擦拭至设备本色。

(二)消毒方法

取 120 ml 甲醛溶液放置在 500 ml 的烧杯中,将该烧杯放置在 1 L 的不锈钢杯中,其中不锈钢杯中加入约 250 ml 的注射用水;将上述不锈钢杯挂到主锅桨叶上,将主锅升温至 80 ℃以上,保温 4 小时后关闭蒸汽和压缩空气;甲醛熏蒸过夜,至少 12 小时以上,完成消毒程序;清洗工作结束后,关闭电源、蒸汽以及压缩空气。

 思考题

1. 软膏剂的生产方法有哪几种?

2. 软膏剂的生产流程有哪些?

3. 试述均质真空乳化机的操作规程。

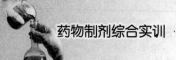

【软膏剂的配制与乳化技能考核评价标准】

班级：　　　　　姓名：　　　　　学号：　　　　　得分：

测试内容	技能要求	分值	得分
实训准备	着装整洁,卫生习惯好 掌握实验内容、相关知识,正确选择所需的材料及设备,正确洗涤	5	
实训记录	正确、及时记录实验的现象、数据	5	
实训操作	按照实际操作计算处方中的药物用量,正确称量物料	5	
	实训前准备 (1)检查各润滑部位的情况 (2)检查乳化锅内是否放有东西 (3)检查电气线路	10	
	开盖操作:启动液压泵提升上盖	10	
	上盖下降:应检查乳化锅是否回复正常位置	10	
	真空操作:盖好上盖,关闭所有阀门,启动真空泵,打开真空阀门,达到真空度要求时关掉真空泵	10	
	搅拌操作:启动控制板上的均质器按钮和刮板搅拌器按钮,并调整转速至工艺要求	10	
	温度控制:手控阀门的启闭程度,控制至所需温度	10	
	产品排放:打开吹气阀,排除锅内真空。启动液压上升按钮,提升上盖并确认在最高位置。使用翻转装置手轮,倾倒锅体出料	10	
清场	按要求清洁仪器设备、实验台,摆放好所用药品	5	
实训报告	实训报告工整,项目齐全,结论准确,并能针对结果进行分析讨论	10	
合　计		100	

监考教师：　　　　　　　　　考核时间：

（黄　平）

实训二十三 自动灌装封尾机

实训目标

在模拟仿真生产环境下完成乳膏剂的灌装和封尾。要求：
1. 掌握灌装封尾机的工作流程和操作方法。
2. 掌握灌装封尾机的机器调整和日常维护。

实训内容

一、相关知识

经过均质乳化机生产的膏体，应该进行灌装和封尾。一般的全自动灌装封尾机包括有输管、灌注、封底等三个主要功能，涉及输管、光电对位、灌装、封口、出料等工序。

（一）灌装要求

1. 铝管（或全塑管、复合管）在灌装前需进行甲醛熏蒸灭菌达 8 小时以上或用臭氧灭菌 2 小时。

2. 灌装操作区域的净化车间洁净级别一般为 10 万级。

3. 灌装的药物重量差异需符合要求（约$\leqslant \pm 1\%$）。

4. 全自动灌装封尾机从设计、制造、装配、调试以及主要零部件皆符合《药品 GMP》的要求，表面光滑、平整、无死角、无毒、无味、易清洗、易维护保养等。

（二）灌装封尾机结构特点

1. 结构设计合理 应充分体现 GMP 对制药设备要求的先进性、可靠性、合理性的设计理念，管的自动喂入、管色标的自动定位、灌装、封尾、打批号及有效期、成品退出，采用联动设计，所有动作同步完成。

2. 工作原理 以 CFNY-60A 全自动灌装封尾机（图 23-1）为例，介绍软膏剂的灌装封尾过程。把待灌装的软管整齐放置在大容量的软管料仓上，通过自动送管装置，软管经整列后，自动插入定位模内，定位模随转盘转动，分别停留在不同的工位上。将需要灌装的膏剂投入可封闭的锥形料桶内，通过与料桶直接相连的柱塞式定量灌装阀，准确自动地注入，间歇停留在灌装工位上的软管内；大盘继续转动，将已注有膏剂的软管迅速带到不同的封尾工位上，各工位的机械手立刻将管尾封住。通过调节容量调节表可获得不同的灌装容量，通过更换不同的机械手可完成铝管等金属管的两折边、三折边、马鞍形折边等不同的折边形式的封尾工作（注：全塑管、复合管的需采用热封尾工作）。封尾完成后,打字码机械手自动将产品批号、有效期等字码打印在管尾上,经自动出管结构,成品管被自动送入盛管容器内。

图 23 - 1   CFNY-60A 全自动罐装封尾机外型

3. 灌装封尾机机构组成

（1）输管机构:输管机构由进管盘和输管键两部分组成。空管由手工单向堆入进管盘,靠倾斜重力下落。最下端有一挡板,利用凸轮间歇抬起,放下最前端的空管（图 23 - 2）。

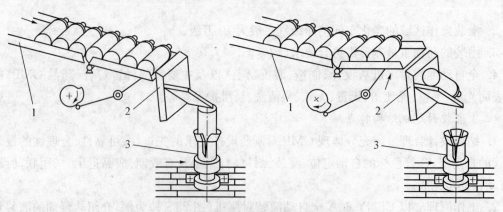

图 23 - 2   插板控制器及翻管示意图

1—进管盘；2—插板（带翻管板）；3—管座

（2）光电对位机构:光电对位使用的是 LX-100X 系列数字色标传感器控制步进电机带动管座转动的,使各软管上的图案依据色标位置转向同一方位（图 23 - 3）。

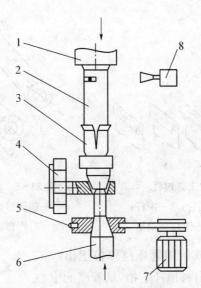

图 23 - 3　插板控制器及翻管示意图

1—锥形夹头；2—软膏；3—管座；4—管座链；

5—齿槽传动链；6—顶杆；7—步进电机；8—光电开头

（3）灌装机构

①功能

a. 保证每次灌装药物的计量要求；

b. 保证灌入空管的药物不沾挂在管尾口上；

c. 确保无管不灌装，以防弄脏机器；

d. 保证灌装过程不受污染，该机与物料接触的部分的材料全部采用 316 L 不锈钢材料，接触面进行全抛光处理。

②结构

a. 结构组成：50 L 料斗、机械锥形定量阀芯、机械锥形定量阀体、注射活塞、主气缸、灌注嘴等；

b. 工作原理：当传感器感测到有管时，传感器灯亮并发出信号经可编程控制器（PLC）处理后，发出灌装信号，经电磁换向阀使灌装阀的主气缸产生动作，将注射活塞从料斗中吸入的物料经灌注嘴注入到铝管内；灌注完成后所有动作恢复起始位，准备下一次灌装，这样可以周而复始完成灌装动作。

（4）封口机构：封口机构是装在专用的机架上的，在机架上装有六对封口钳，其工位工艺过程如图 23 - 4、图 23 - 5 所示。

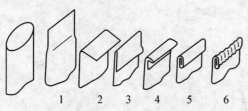

图 23－4　封口机构的工位工艺过程

1—前钳口摆杆；2—滚柱摆杆；3—推杆；

4—后钳口；5—前钳口；6—钳口摆动销

图 23－5　折叠钳动作控制示意图

1—前钳口摆杆；2—滚柱摆杆；3—推杆；

4—后钳口；5—前钳口；6—钳口摆动销

（5）出料机构：封尾后的软管随管座链停位于出料工位时，主轴上的出料凸轮带动出料顶杆上抬，从管座的中心孔将软管顶出，使其滚翻到出料斜槽中，滑入输送带，送去外包装。为保证顶出动作顺利进行，顶杆中心应与管座中心对正，如图 23－6 所示。

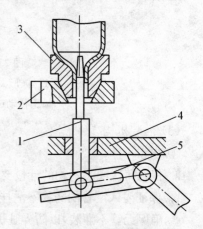

图 23－6　出料顶杆相对位

1—出料顶杆；2—管座链节；3—管座；

4—机架（滑槽）；5—凸轮摆杆

二、实训用物

1. 设备　电子天平、CFNY-60A 全自动罐装封尾机。

2. 材料　软膏管、软膏半成品物料。

三、实施要点

以 CFNY-60A 全自动灌装封尾机为例，介绍其操作规程。

（一）设备安装

1. 本机应安装在坚固的水平地面上调整底脚高度，使机台平面处于水平位置，并使 4 个底脚都均匀受力。

2. 本机应安装在 C 级净化车间内，环境温度需求 18～26 ℃，相对湿度范围 45％～65％，温湿度发生急剧变化，有腐蚀性气体，会损坏机体及造成机器工作状态不稳。

3. 本机电源为三相四线交流电，电压为 380 V，为了操作者的人身安全，本机必须可靠接地。

4. 本机需要配备洁净的气源，气源压力不小于 0.5～0.7 MPa，排气量不小于 0.6 m³/min，保证气缸动作的可靠运行，以达到精确的灌装效果。

5. 本机的热风头及打字码钳口需要进行冷却，安装时需要提供温度恒定的循环冷却水，连接到机器上的循环水管上。

（二）生产操作

1. 开机前检查项目

（1）首先检查机器表面有无异常物品。

（2）检查冷却水管是否接到冷却水泵上。

（3）检查软管与物料是否准备完好。

2. 开机运行

（1）打开电器控制箱，合上电源总开关，然后打开钥匙总开关。

（2）打开冷却水泵开关，确认冷却水从排水管流出，方可启动加热开关。

（3）打开触摸屏上的手动运行窗口。

（4）打开加热开关，然后根据所封软管的材料主机速度及环境温度，设定热风器的加热温度，并确认热风温度是否已达到工艺温度。

（5）如有保温和搅拌系统，请打开保温开关，并在保温加热控制仪表上设定保温所需温度，然后打开搅拌开关。

（6）打开气泵开关或接通气源，调节调压阀，确认气压表显示的数字为设定气压（气压数值一般为 0.5～0.7 MPa）。

（7）拉开上管导板上的手动挡管开关，软管将自动滚到上管扶手上。

（8）点动主机 1～2 分钟，同时检查机器各部位的工作情况，应达到工作状态稳定，运转平稳、无异常噪声，各调节装置工作正常，各仪器仪表工作正常。在确认一切正常后，将主机速度提到工艺要求的转速。

（9）打开上管开关，此时上管扶手会自动将软管送到管座上，在旋转工作台的带动下自动完成灌装、封尾工作。

（10）紧急情况请按紧急停车按钮停机，此时报警灯会闪烁指示。

（11）当机器出现故障停机，或按紧急停车按钮停机需检查检修时，必须关掉电源总开关（钥匙总开关），然后将所有开关复位。故障排除后，请按以上程序重新启动主机。

3. 生产结束

（1）将剩余的容器收集，标明状态，交中间站。

（2）按《灌液封尾机设备清洁操作规程》对设备、房间进行清洁消毒。

（3）填写清场记录，经 QA 质监员检查合格，在批生产记录上签字，并签发"清场合格证"。

灌装封尾机的基本调整

1. 传动三角带的张力调整　松开电动机底座紧固螺栓，调节张紧螺栓，使三角带的张紧度适中。

2. 链条张力调整　调节链条张紧轮的位置，使链条张紧力适中。

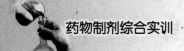

3. 安全离合器的调整 安全离合器的弹簧压力过小,离合器会脱开而不能正常开动机器,调节离合器的弹簧调节螺母,使螺旋弹簧前压力最小而又不能使机器正常开动为止。

如遇故障过载情况,离合器会自动脱开,主机断电停车,此时,关掉电源总开关,立即排除故障。待故障排除后,手盘皮带轮,使离合器复位,方可按启动程序重新启动主机。

4. 机械手的调整 各机械手在机器出厂前都已调整好,使用时只需根据软管尺寸相应调整旋转工作台的高度即可。调整过程一般比较复杂,如确需调整,应仔细阅读设备说明书。

5. 主机转速的调整 根据所需的单位时间内的灌封次数(热封一般在 45 支/分),调节变频器的速度调节旋钮。注意:正常工作时,主机转速要保持一个恒定值,不能随意改变。

6. 自动上管系统的调整

(1)软管料斗的调整:正常工作时,软管料斗要有一个向后的倾角,松开料斗拉杆顶杆螺丝,伸长或缩短料斗拉杆就可调整料斗的倾斜角度。

注意:调整后料斗导轨板的高度和水平倾角要与上管托架保持一致。

(2)料斗支承底座的调整:料斗支承底座的角度调整是由旋转料斗支承丝杠来完成,调整完后要锁紧支承杆座上的紧固螺丝。

(3)上管挡板的调整:在管座上用手插上软管,然后在垂直两个方向上调节挡管导板与软管之间的间隙,使其间隙保持在 0.15~0.25 mm。

(4)气路压力:调节调压阀,使正常工作时的气路压力达到一个恒定值(一般在 0.35~0.40 MPa)。

(5)气缸的运行速度:主机转速改变时,要相应改变气缸的运行速度,调节气缸的上下两个节流阀,就可以改变气缸上行和下行的速度。

7. 自动找色标部分的调整 如需重新调整软管上色标的停留位置,只需要调整找标光电管的位置及角度即可。

 思考题

1. 灌装封尾机主要由哪几部分组成?

2. 试述灌装封尾机的操作规程。

3. 试述灌装封尾机的清洗与保养。

 实训考核

【软膏灌装封管生产技能考核评价标准】

班级：　　　　　姓名：　　　　　学号：　　　　　得分：

测试内容	技能要求	分值	得分
生产前准备	穿好工作服,戴好工作帽	5	
	核对本次生产品种的品名、批号、规格、数量、质量,确定黏合剂种类、浓度、温度	5	
	正确检查车间状态标志	5	
	准备所需容器用具并检查是否清洁	5	
	按规定程序对制粒设备进行润滑、消毒	5	
	按照生产指令规定的品种、规格、数量投料	5	
生产操作	开机前检查:①首先检查机器表面有无异常物品;②检查冷却水管是否接到冷却水泵上;③检查软管与物料是否准备完好	5	
	开机:打开电源,打开冷却水泵,打开加热开关,设定热风器的加热温度,并确认热风温度是否已达到工艺温度	5	
	如有保温和搅拌系统,请打开保温开关,然后打开搅拌开关	5	
	打开气泵开关或接通气源,调节调压阀,确认气压表显示的数字为设定气压	5	
	拉开上管导板上的手动挡管开关,软管将自动滚到上管扶手上	5	
	启动主机2~3分钟,检查机器工作情况,应达到工作状态稳定;将主机速度提到工艺要求的转速	10	
	打开上管开关,此时上管扶手会自动将软管送到管座上,在旋转工作台的带动下自动完成灌装、封尾工作	10	
清场	操作完毕,将湿颗粒接入烘盘加标签,注明物料品名、规格、批号、数量、日期和操作者的姓名,转入干燥工序	5	
	将生产所剩的尾料收集,标明状态,交中间站	5	
	按清场程序和设备清洁规程清理工作现场	5	
	如实填写各种记录	5	
实训报告	实训报告工整,项目齐全,结论准确,并能针对结果进行分析讨论	5	
合　计		100	

监考教师：　　　　　　　考核时间：

（黄　平）

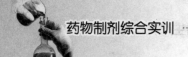

实训二十四　栓剂的灭菌与配制

 **实训目标**

在 C 级生产车间下完成栓剂灭菌、配制工作。

1. 掌握栓剂的灭菌、配制方法。
2. 掌握栓剂灭菌、配制的管理要点及质量控制要点。
3. 掌握栓剂手控真空灭菌器设备的工作原理以及标准操作规程。
4. 掌握栓剂配料罐设备的工作原理以及标准操作规程。

 **实训内容**

一、相关知识

（一）栓剂

1. **定义**　栓剂（suppository）是指药物与适宜基质制成的具有一定形状的、供人体腔道内给药的固体制剂。栓剂在常温下为固体，塞入腔道后，在体温下能迅速软化熔融或溶解于分泌液，逐渐释放药物而产生局部或全身作用。早期人们认为栓剂只起润滑、收敛、抗菌、杀虫、局麻等局部作用，后来又发现栓剂尚可通过直肠吸收药物发挥全身作用，并可避免肝脏的首过效应。

2. **分类**　按给药途径可分为直肠用、阴道用、尿道用栓剂等，如肛门栓、阴道栓、尿道栓、牙用栓等，其中最常用的是肛门栓和阴道栓。为适应机体的应用部位，栓剂的性状和重量各不相同，一般均有明确规定。

（1）肛门栓：肛门栓有圆锥形、圆柱形、鱼雷形等形状，每颗重量约 2 g，长 3～4 cm，儿童用约 1 g。其中以鱼雷形较好，塞入肛门后，因括约肌收缩容易压入直肠内。

（2）阴道栓：阴道栓有球形、卵形、鸭嘴形等形状，每颗重量约 2～5 g，直径 1.5～2.5 cm，其中以鸭嘴形的表面积最大。

栓剂内包装材料是 PVC/PE 复合膜：PVC 为聚氯乙烯（Polyvinyl Chloride，简称 PVC），是由氯乙烯单体（Vinyl Chloride Monomer，简称 VCM）聚合而成的热塑高聚物，是以聚氯乙烯树脂为主要原料，加入适量的抗老化剂、改剂等，经混炼、压延、真空吸塑等工艺而成。主要成分为聚氯乙烯，另外加入其他成分来增强其耐热性、韧性、延展性等。它是当今世界上深受喜爱、颇为流行并且也被广泛应用的一种合成材料。它的全球使用量在各种合成材料中高居第二。

PE 是聚乙烯（Polyethylene，简称 PE），是塑料的一种。我们常常提的方便袋就是聚乙烯。

聚乙烯是结构最简单的高分子,也是应用最广泛的高分子材料。它是由重复的—CH₂—单元连接而成的。聚乙烯是通过乙烯(CH₂=CH₂)的加成聚合而成的。

3. 栓剂的制备方法　主要有搓捏法、冷压法及热熔法三种。

(1) 搓捏法:适用于小量临时制备。

(2) 冷压法:由于受到时间缓慢限制,影响到栓剂的重量差异,而且对基质和有效成分起氧化作用,不利于大生产。

(3) 热熔法:应用最广泛,采用高分子材料 PVC 和 PE 复合塑料片材(或采用铝塑片材)制成栓模,通过对各种不同形状模具对片材加热,将塑料片制成各种形状泡状,然后将药液灌注到泡中,再进行冷却封口即可。目前的大量生产主要采用全自动栓剂灌封机组,现以黑龙江迪尔制药设备公司生产的 ZS-U 全自动栓剂灌装机组为例介绍栓剂设备生产过程。

(二)栓剂工艺流程

栓剂工艺流程图见图 24-1。

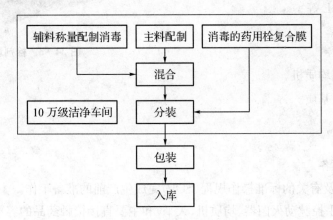

图 24-1　栓剂工艺流程图

(三)主要生产设备

1. 栓剂手控真空灭菌器设备　见图 24-2。

(1) 性能与用途:用于制药行业中生产卫生材料、辅料、器具等产品的灭菌,可用于药材的灭菌、熏蒸和烘干。额定工作压力:0.1～0.23 MPa,额定工作温度:120～130 ℃。配有中文文本显示界面,显示灭菌程序的压力、温度、时间,也可根据需要自行设定。密封门设有电气和机械压力安全连锁装置,当灭菌室内有压力时,密封门不能被打开,确保设备及操作者

图 24-2　栓剂真空灭菌器

人身安全。微电脑处理器控制的数字显示控制面板,进口不锈钢气动角座阀和不锈钢内抛光管件、管路易清洗,无死角,参数自动调节压力控制,具有多种试验程序等。全过程自动控制具有

报警和误操作保护,能打印操作全过程的各种数据。

(2)原理:利用饱和蒸汽在冷凝时释放出大量潜热的物理特性,使待灭菌的物品处于高温和潮湿的状态,经过一段时间的保温,从而达到灭菌的目的。

2. 栓剂均质机设备 见图24-3。用于物料的配制和贮存。本设备主要由同基质深解罐、真空乳化搅拌罐、热水罐、转子泵、真空泵、热水卫生泵、液压系统、电器控制系统、工作平面等部分组成。

本机操作简便,性能稳定,具有均质性好、生产效率高、清洗方便、结构合理、占地面积少、自动化程度高等特点。

容器规格有:100 L、200 L、300 L、400 L、500 L、600 L、1 000 L等。

图24-3 栓剂均质机

二、实训用物

1. 设备 栓剂均质机。

2. 材料 栓剂基质。

三、实施要点

(一)操作前准备

依据生产指令及有关的标准操作规程(SOP)完成生产前的准备工作。

1. 检查设备(手控脉动灭菌器、均质机、天平)和主要直接接触药品的容器的状态标志。

2. 检查生产区域的水质(注射用水、纯化水)是否符合规定。

3. 物料准备 依据生产指令计算并准备该批产品所应消耗辅料及主料半成品的量。

4. 清场检查 检查药品灭菌与配置设备、地面、操作台面、地漏、墙面、工艺管线、使用工具是否进行清场;确认是否有上批异物和残留物,若发现有上批异物和残留物应及时责令相关人员重新进行清场,经检查合格后方可进行下一工序。

5. 认真及时填写准备记录,字迹清晰、内容真实、数据完整,并归入批记录。

(二)生产操作

将基质称量,真空灭菌器进行消毒、冷却,与配制好的主料(根据不同物质要求确定消毒方式和温度)在栓剂配料罐中充分搅拌,备用。

1. 栓剂手控真空灭菌器标准操作规程

(1)打开主蒸汽管道的旁通阀,排尽蒸汽管道内残留的冷凝水,结束后应关闭阀门。

(2)将灭菌的物品放置于烘箱的内室中,关紧门,接通电源。

(3)打开蒸汽进总阀门,使蒸汽通过减压阀进入设备的夹层内,待夹层的蒸汽压力上升到所需的压力时,开启控制面板上的"灭菌"按钮,使蒸汽进入设备内室,待内室压力上升到所需压力(根据不同培养基特性而定),开启"干燥"按钮,将内室的冷空气排尽。重复本操作两次。

(4)排冷气结束后,打开"灭菌"按钮进行灭菌工序。待内室的温度指示表上升到所需要的灭菌温度开始计时,灭菌时间根据工艺要求而定(一般为30分钟)。本工序应注意内室压力指示与内室温度指示要匹配,并作相应的数据记录。灭菌结束后进行干燥工序,这一工序适合非液体的而需要干燥的物品。

(5)接通真空泵电源(380 V),依次打开"饮用水进水阀门",控制面板"干燥"按钮,进行干燥工作,干燥时间根据具体的工艺要求而定。干燥结束后,打开"排空"按钮进行回气,使内室从负压状态恢复至零压力状态。工作结束后切断电源,关闭水源、蒸汽阀门。待内室蒸汽压力恢复到0 Mpa时,可打开机门取出灭菌物。

2. 栓剂均质机标准操作规程 本机组采用上部同轴二重型搅拌器,液压升降开盖,快速均质搅拌器转速:0～1 400 r/min(变频调速)、慢速刮壁搅拌器转速:10～100 r/min(无级调速)、均质头采用高剪切涡流式乳化搅拌机,慢速刮壁搅拌自动紧贴锅底及壁。打开进料口,将灭菌的基质和主药放置内室中。接通电源(380 V),调节变频器至合适的电机运转频率,进行搅拌工作。搅拌完成后,缓慢打开卸料口,进行卸料。若需要冷却基质的温度,应先打开恒温冷却水阀门及回水阀门,使其进行动态冷却。若需要消毒配料罐,应打开蒸汽进口阀门,使罐体的夹层充满0.4 MPa的蒸汽,保压30分钟。在搅拌过程中,可根据实际需要调节电机运转频率,搅拌时间应根据操作规程的具体要求进行。

(三)生产结束

生产结束后,要完成对栓剂灭菌与配制设备的清洁和保养,以确定设备处于最佳工作状态。填写清场记录,经QA质监员检查合格,在批生产记录上签字,并签发"清场合格证"。

1. 洁净室的墙面、天花板、门窗、机器设备、仪器、操作台、椅等表面以及人体双手(手套)在日常生产时,应每批次清洁并用消毒剂喷洒。常用的消毒剂用乙醇(75%)[适合机器设备、仪器、操作台、人体双手(手套)的消毒]、新洁尔灭(0.1%～0.2%)、84消毒液及碘伏(适合墙面、天花板、门窗、地面等的消毒)等。

2. 甲醛消毒方法 灭菌流程为空调器停止运转,房间熏蒸消毒,时间不少于8小时。房间排气,用新鲜空气置换约1小时后恢复正常运行。用量:计算房间体积按高锰酸钾(0.2 g/m^3)＋甲醛(0.4 ml/m^3)比例使用。

知识拓展

(一)栓剂均质机的清洁和保养标准操作规程
栓剂配料罐的清洁工作在每班次操作结束后及时进行,清洁工作由表及里展开。
1. 表面清洁 清洗时应用纯化水及注射用水丝光毛巾润洗后擦洗设备表面(电机及不锈

钢连接头、罐盖、罐体、罐脚、压缩空气管道、电源线表面以及蒸汽管道阀门、冷却系统管路及阀门等部件)无明显可见物为止。待腔室清洗完成最后用75%的乙醇或0.5%的新洁尔灭消毒擦拭其表面备用。

2. 腔室清洁　打开罐盖上的加料口,加入大量饮用水,开启电机搅拌,使栓剂基质溶解在水中排放,再重复本操作2次。饮用水水位应在示意图刻度线左右。饮用水清洗完成后再用纯化水清洗2次,操作方法同上。纯化水清洗完成后,再用注射用水润洗一次。清洗完成以后,应检查漂洗水的澄明度符合标准(不得有异物、黑点和乳光现象,水的澄明度应与加入的注射用水无明显差异)。若不符合要求,重新进行漂洗工作,直至澄明度合格。图24-4为栓剂均质机清洗水流图。

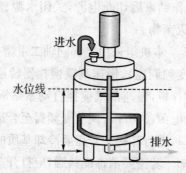

图 24 - 4　栓剂均质机清洗水流图

3. 消毒　在均质机清洗完毕后,加入1 000 ml的注射用水,盖好加料口盖。再打开蒸汽进口阀门使罐体的夹层充满0.4 MPa的蒸汽,待温度显示仪上升到121 ℃左右计时30分钟。灭菌后必要时可开冷却水对罐体进行冷却。

4. 清洗工作结束后,关闭电源、水源、蒸汽源以及压缩空气。填写设备使用记录,字迹清晰,数据完整,并有操作人签名。

5. 填写设备记录,经QA质监员检查合格,并颁发"清场合格证",方可离场。

(二) 检修、保养及故障排查

1. 使用真空灭菌设备时,要求在任何情况下,灭菌室内有压力时切勿开门! 非灭菌过程,密封门不要太紧,以防密封圈长期压缩变形而影响门的密封性能和寿命。液体灭菌时一般不适宜用真空泵排汽,以防止液体飞溅,可按排空按钮缓慢地排气。

2. 栓剂配料罐的电机运转的方向一律为顺时针,切记不可反向运转。若电机在运转过程中发热严重时,应间歇式运转。

1. 试述栓剂生产的关键步骤。

2. 试述栓剂手控灭菌器的标准操作规程。

3. 试述栓剂均质机的清洁保养标准操作规程。

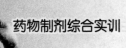

【栓剂的灭菌与配制生产技能考核评价标准】

班级： 姓名： 学号： 得分：

测试内容	技能要求	分值	得分
生产前准备	穿好工作服，戴好工作帽	5	
	核对本次生产品种的品名、批号、规格、数量、质量，确定黏合剂种类、浓度、温度	5	
	正确检查车间状态标志	5	
	准备所需容器用具并检查是否清洁	5	
	按规定程序对制粒设备进行润滑、消毒	5	
	按照生产指令规定的品种、规格、数量投料	5	
生产操作	操作前准备：检查设备、检查生产水质、物料准备、清场检查	10	
	基质称量	5	
	打开主蒸汽管道的旁通阀，排尽蒸汽管道内残留的冷凝水，进行真空灭菌器进行消毒	10	
	打开进料口，将灭菌的基质和主药放置内室中。接通电源，进行搅拌工作	10	
	搅拌完成后，缓慢打开卸料口，进行卸料。若需要冷却基质的温度，应先打开恒温冷却水阀门及回水阀门，使其进行动态冷却	10	
清场	操作完毕，将湿颗粒接入烘盘加标签，注明物料品名、规格、批号、数量、日期和操作者的姓名，转入干燥工序	5	
	将生产所剩的尾料收集，标明状态，交中间站	5	
	按清场程序和设备清洁规程清理工作现场	5	
	如实填写各种记录	5	
实训报告	实训报告工整，项目齐全，结论准确，并能针对结果进行分析讨论	5	
合　计		100	

监考教师： 考核时间：

（黄　平）

实训二十五　栓剂的罐装

在 C 级生产车间下完成栓剂制泡、灌装、冷却、封合(封合、打印批号以及有效期、裁剪整齐、剪切成一板)工作。要求:

1. 掌握栓剂设备岗位操作法。
2. 掌握栓剂生产工艺管理要点及质量控制要点。
3. 掌握 ZS-U 全自动栓剂灌装设备原理以及标准操作规程。
4. 掌握 ZS-U 全自动栓剂灌装设备的清洁保养标准操作规程。

一、相关内容

自动灌装机组是将聚氯乙烯(PVC)和聚乙烯(PE)复合塑料片材经钳口夹紧后由输送小车按气缸行程再由分带块分开的片材依次输送到预热模具、焊接模具、吹泡成型模具,热吹制成与模具形状相同,焊接牢固,不漏气,厚薄均匀的栓剂带,在经过打撕口线和切三角底边工位,并在消除静电后自动进入灌注嘴下,已拌匀的药液通过高精度计量泵自动灌注空壳后,被剪成多条等长的片段(一般 30 粒/条),经过一定时间(一般为 20 分钟)的低温(8~18 ℃)成型,实现冷却成型,变成固态栓粒,通过机器流水线进行自动整形、封口、打批号和剪切工序,制成成品栓剂。

目前大量生产主要采用全自动栓剂灌封机组。现以黑龙江迪尔制药设备公司生产的 ZS-U 全自动栓剂灌装机组(图 25-1)为例,介绍栓剂设备生产过程。

1. 全自动栓剂灌封机组主要技术参数如下:

产量:9 000~10 000 粒/h。

单粒剂量:0~4 g。

剂量误差:±2%。

栓剂形状:子弹形、鱼雷形、鸭嘴形及其他特殊形状。

气压:0.65 MPa。

耗气量:0.8 m³/min。

适应基质:半合成脂肪酸甘油酯、甘油明胶、聚乙二醇类等。

储液桶容量:50 L。

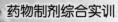

电源电压:交流三相 380 V。

总功率:13 kW。耗电量:1.5 m³/min。

外形尺寸:7 000 mm ×1 500 mm×1 700 mm。

总重:2 000 kg。

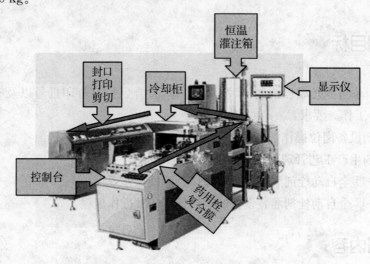

图 25 - 1　ZS-U 型全自动栓灌装机组

2. 自动灌装机组组成　主要由六大部分组成:

(1)制泡系统:是将 PVC 和 PE 复合塑料片材经钳口夹紧后由机械输送小车按气缸行程由分带块分开的片材依次输送到预热模具、焊接模具、吹泡成型模具,热吹制成与模具形状相同,焊接牢固,不漏气,厚薄均匀的栓剂带,在经过打撕口线和切三角底边工位,并在消除静电后自动进入灌注嘴下的过程。

(2)灌注系统:包括恒温桶及搅拌电机、循环药液活塞泵、灌注头活塞泵以及相应连接管道。

(3)冷却系统:包括低温冷冻机、风扇、气缸和电磁换向阀、机械结构。

(4)封口系统:包括气缸和电磁换向阀、机械结构、加热系统。

(5)自动加热控制系统:分布于制泡系统、灌注系统、封口系统;温度控制仪通过交流接触器控制加热管的工作,实现恒温的过程。

(6)可编程控制器(PLC)程序逻辑控制系统:整个设备的大脑,用于控制各个系统的有机配合协调工作。利用传感器给出信号,通过 PLC 进行信息处理,发出执行信号到电磁换向阀,再通过电磁换向阀控制气缸,气缸控制机械结构,发出执行动作;PLC 通过时序逻辑(即程序)控制所有气缸有条不紊地工作。

二、实训用物

1. 设备　电子秤、全自动栓灌装机组。

2. 材料　栓剂半成品。

三、实施要点

（一）操作前准备

依据生产指令及有关的标准操作规程（SOP）完成生产前的准备工作。

1. 检查设备（全自动栓剂灌封机组）和主要直接接触药品的容器的状态标志。

2. 检查生产区域的水质（注射用水、纯化水）是否符合规定。

3. 物料准备　依据生产指令计算并准备该批产品所应消耗辅料、内包装材料及主料半成品的量。

4. 清场检查　检查灌封机组设备、地面、操作台面、地漏、墙面、工艺管线，使用工具是否进行清场；确认是否有上批异物和残留物，若发现有上批异物和残留物，应及时责令相关人员重新进行清场，经检查合格后方可进行下一工序。

5. 认真及时填写准备记录，字迹清晰、内容真实、数据完整，并归入批记录。

（二）生产操作

将已配制好的酊剂装入自动灌装机组恒温桶，并对其进行循环，以防凝固，再由灌注头自动对流水线走道上 PVC 制成热模壳进行灌装，后由流水线送入冷却柜，依次冷却，送入封口，打印，剪切。

ZS-U 型全自动栓剂灌装标准操作规程：

1. 打开压缩空气阀门，关闭整机的排气阀门，观察气压表，监视其压力是否在 0.5～0.6 MPa 之间，不得低于此压力。

2. 接通主机电源，打开空气开关 QS 和急停开关，使整机处于供电状态，将制壳部分控制面板的"气源开关"、"PLC"和"启动Ⅰ"开关打开到启动位置。

3. 打开灌注部分控制面板的电源Ⅰ开关，将灌注部分的灌注开关打开到启动位置，再将制壳部分"手/自"开关打开至自动位置。整机开始自动开机状态，检查制壳、灌注、冷冻部分是否有异常和松动。

4. 状态正常后，再将封口"PLC 开关"、"启动Ⅱ"开关和"手/自Ⅱ"开关打到自动位置，检查封口部分动作是否异常和松动，位置是否发生变化。若一切正常，关闭"启动Ⅰ"和"启动Ⅱ"开关。

5. 打开冷水机组，将冷水设定到 8～11 ℃，使冷水循环，检查是否有泄漏，随时应注意冷水机组控制面板显示机组工作状态：制冷、进出温度不应超过或低于设定温度的 2 ℃。

6. 打开各控制面板的加热开关，并使温控表达到预设值。一般制壳部分预热温控表温度为 84 ℃，预热Ⅱ温控表温度为 82 ℃，焊接Ⅰ温控表温度为 103 ℃，焊接Ⅱ温控表温度为 101 ℃，吹泡温控表温度为 130 ℃，根据不同材质片材可随时预置。灌注部分灌注桶温控表温度为 45 ℃，下料阀温控表温度为 52 ℃，灌注温控表温度为 45 ℃，封口部分预热温控表温度为 115 ℃，封口温控表温度为 130 ℃。

7. 将配制好的药料倒入灌注桶内,依次打开加热开关、搅拌电机开关、柱塞泵开关、热水循环泵开关、风机开关。开机前应检查恒温灌注桶夹层水位是否符合要求,一般恒温灌注桶温控表设定温度为 48 ℃,下料阀温控表设定温度为 52 ℃,灌注头温控表设定温度为 58 ℃。开机20～30分钟后,观察温控表是否达到预设值,正常后将片材正确安装在存带盘上。先打开制壳启动开关,制出一段空壳,并能顺利地进入冷冻箱后,再打开灌注部分的灌注开关,如有异常,可关闭灌注开关,关闭制壳启动开关,停止工作。故障排除后,可重新启动设备。待正常工作20分钟后,冷冻箱内药条已满,待药条被送到箱尾后,打开封口部分启动Ⅱ开关,开始封口。

特别提醒:制壳和灌注部分停止后,冷冻箱内仍存在灌注完的药条。将灌注部分的手/自开关置于自动,药条可自动依次送入封口部分。封口完成后,会剩余一条,可将封口部分的连剪开关打开到启动位置,最后一条会自动剪切完成。

工作结束,应停止并关闭冷水机组,关闭所有加热按钮,关闭气源,最后关闭电源,并使排气阀处于打开状态,控制面板的所有开关处于关闭状态。

(三)生产结束

生产结束后,要完成对栓剂灌装机设备的清洁和保养,以确定设备处于最佳工作状态。主要完成药液灌注桶清洗、柱塞泵、灌注头、走料管及轨道、冷冻箱的清洁和设备表面清洁。

最后填写清场记录,经 QA 质监员检查合格,在批生产记录上签字,并签发"清场合格证"。

 **知识拓展**

(一)清洁和保养标准操作规程

1. 药液灌注完成后清洗　打开下料阀排料管,将尾料自动排出,再将排料管安装好,加80～90 ℃的注射用水,打开柱塞泵和搅拌电机。让热水循环清洗3～5分钟,打开药液回流管,将水放出,余水由下料阀处排尽。

2. 灌注桶的清洗　关闭搅拌电机和柱塞泵,打开下料阀排料口,用 80～90 ℃的注射用水冲洗 3 次,用洁净抹布擦拭清洁。

3. 柱塞泵的清洗　将柱塞泵拆下后,卸下尼龙堵,放入热水的注射用水中浸泡 5 分钟,用细毛刷刷洗,至活塞及各部分没有残留药料,再用热湿的洁净抹布清洁擦拭。

4. 灌注头的清洗　打开灌注两端走料管堵头,将灌注头拆下后,拔出灌注塞,依次推出灌注阀。全部浸泡在热的注射用水中 5 分钟,用细毛刷刷洗至没有残余药料。晾 10 分钟,重新依次装入,待用。

5. 走料管的清洗　将下料阀至柱塞泵的走料管,柱塞泵至管灌注头的走料管,灌注头至灌注桶的走料管拆下,放入热的注射用水中浸泡 10 分钟,然后管内倒入热水往复冲洗 3 次,至管内壁无残留药物为止。将走料管挂起晾晒至管内无水。

6. 走料轨道的清理与清洗　热注射用水装入洗瓶中,挤水冲洗轨道,再用压缩空气吹干,洁净抹布清洁擦拭。

7. 冷冻箱的清理与清洗　清理冷冻箱内肉眼可见的废料,箱底用洁净抹布蘸热注射用水擦拭清洁。

8. 封口托板的清洁　先用压缩空气吹出残留药料,用镊子夹住洁净抹布擦拭。

9. 设备表面的清洁　每批生产结束后,清理与设备无关的生产遗留物,切底边尾料、齐上边尾料、剪切尾料。生产前应用洁净抹布蘸热注射用水对设备表面及内部擦拭清理。清洁设备的同时应注意工作台面及压缩空气管路表面的清洁,以除去灰尘或杂物。针对清洁设备内部结构以及设备所在地面时,应注意不得有明显的锈迹,若发现锈迹应先用细砂纸轻轻打磨,再涂以银粉防锈漆。有污渍存在应及时处理彻底。

（二）检修、保养及故障排查

1. 制泡组合气缸模具不同步,气缸漏气:拆开气缸,更换密封圈。

2. 钳口打不开,气缸活塞涨住:拆下返修。

3. 制带成品出现后端吹破,气缸输送距离短,如前端吹破,气缸输送距离长。调整距离并检查组合模具是否对正。如钳口进行程没松动变化。

4. 钳口夹紧力不够和药带盘刹车过紧,会造成行程不准。单粒灌注量不准,是灌注塞密封圈损坏,应更换;整体灌注量不准,应调整灌装量螺杆松动,调整后备紧,或者清洗单向阀。

5. 灌装量出现异常,是柱塞泵不工作,灌注桶药料太少,药料混合不均匀。剪断药条不在中间位置,移动剪断刀位置,并使灌注嘴对正栓带口。

6. 剪断药条在冷冻箱位置不对,应调整抓带输送气缸行程。

7. 齐上边过多或过少:调整齐上边剪刀位置至合适,剪断剪切位置不在中间,调整剪刀位置。用压带爪将带压住。

8. 加热达不到预置值:是电加热管损坏,应更换。

9. 急停或停电时,再开机自动程序消失,应将总电源开关关闭,再按程序重新启动。

10. 观察压力值,如压力不够时,调整三联体及减压阀调整按钮,使压力达所需。生产前应检查水管、气管是否有漏点,正常后可开机。

11. 生产前或生产时对组合气缸轴、吹泡气缸轴、切底边气缸轴、刻线气缸轴、插入气缸轴、冷冻抓带输送气缸轴、钳口输送轴注入机油(或空压机油)。

12. 发现剪断剪刀不快时,应将其齐上边剪刀和剪切粒数剪刀拆下用油石备磨。

13. 观察冷冻风机和主控箱排风扇是否工作。经常检查各部件螺丝是否松动。观察保温桶水位以及冷冻机循环水水位,每月换水1～2次。

14. 每批生产结束后,应对底边尾料、齐上边料、剪切尾料进行清理。随时检查磁性开关和电磁阀指示灯是否亮和工作。

15. 机器流水线运行过程中,出现动作不灵活,检查各运动件的润滑,加油润滑。

思考题

1. 自动灌装机组的主要构成部分及作用有哪些？

2. 试述自动灌装机的标准操作过程。

3. 试述自动灌装机的检修、保养与故障排查。

实训考核

【栓剂灌装生产技能考核评价标准】

班级： 姓名： 学号： 得分：

测试内容	技能要求	分值	得分
生产前准备	穿好工作服，戴好工作帽	5	
	核对本次生产品种的品名、批号、规格、数量、质量，确定黏合剂种类、浓度、温度	5	
	正确检查车间状态标志	5	
	准备所需容器用具并检查是否清洁	5	
	按规定程序对制粒设备进行润滑、消毒	5	
	按照生产指令规定的品种、规格、数量投料	5	
生产操作	操作前准备：检查设备、检查生产水质、物料准备、清场检查	5	
	基质称量	5	
	打开压缩空气阀门，关闭排气阀门，观察气压表，监视其压力是否在 $0.5\sim0.6$ MPa	5	
	接通主机电源，打开空气开关和急停开关，将控制面板的"气源开关"、"PLC"和"启动Ⅰ"开关打开到启动位置	5	
	状态正常后，再将封口"PLC 开关"、"启动Ⅱ"开关和"手/自Ⅱ"开关打到自动位置，检查封口部分动作是否异常和松动，位置是否发生变化。若一切正常，关闭"启动Ⅰ"和"启动Ⅱ"开关	5	
	打开冷水机组，将冷水设定到 $8\sim11$ ℃，使冷水循环，检查是否有泄漏	5	
	打开各控制面板的加热开关，并使温控表达到预设值	5	
	将配制好的药料倒入灌注桶内，依次打开加热开关、搅拌电机开关、柱塞泵开关、热水循环泵开关、风机开关	5	
	工作完成后应对柱塞泵和灌注桶及药物接触部件进行加热清洗，对药条经过轨道进行清理	5	
清场	操作完毕，将湿颗粒接入烘盘加标签，注明物料品名、规格、批号、数量、日期和操作者的姓名，转入干燥工序	5	
	将生产所剩的尾料收集，标明状态，交中间站	5	
	按清场程序和设备清洁规程清理工作现场	5	
	如实填写各种记录	5	
实训报告	实训报告工整，项目齐全，结论准确，针对结果分析讨论	5	
合　计		100	

监考教师： 考核时间：

（黄　平）

项目七 中药制剂的生产流程与设备操作

实训二十六 中药炮制技术生产流程与设备操作

实训目标

1. 熟悉常用的炮制方法及岗位职责。
2. 了解常见的炮制设备。
3. 掌握炮制各岗位的操作与清场，并填写生产记录。

实训内容

一、相关知识

中药炮制是根据中医药理论，依照辨证施治用药的需要和药物自身性质，以及调剂、制剂的不同要求所采取的一项制药技术。药材凡经净制、切制或炮制等处理后，均称为"饮片"；药材必需净制后方可进行切制或炮制等处理。饮片是供中医临床调剂及中成药生产的配方原料。饮片规格，是指临床配方使用的饮片规格。制剂中使用的饮片规格，应符合相应品种实际工艺的要求。

（一）中药炮制的目的

中药炮制其总的目的是为了提高饮片质量，保证用药方便、安全、有效，但是由于药材品种繁多，炮制方法各异，各药物的炮制目的又有一定区别，将其归纳如下：

1. 泥沙、杂质和非药用部位的去除，保证品质纯净和用量准确。
2. 分开不同的药用部位，保证用药的准确。
3. 消除或降低药物毒性或副作用，保证用药安全。
4. 转变或缓和药性，适应辨证用药需要。
5. 引药归经或改变药物作用趋向。
6. 增强作用，提高疗效。

7. 利于贮藏,保存药性。

8. 矫臭矫味,利于服用。

9. 改善形体质地,便于配方制剂。

(二)常见的炮制方法

中药炮制不是简单的挑选切炒,而是包括净制、切制(含水制)、火制、水火共制、不水火制5大类60多种方法的整套炮制技术。

1. **净制**　即净选加工。可根据具体情况,分别使用挑选、筛选、风选、水选、剪、切、刮、削、剔除、酶法、剥离、挤压、燀、刷、擦、火燎、烫、撞、碾串等方法,以达到净度要求。

2. **切制**　切制时,除鲜切、干切外,均需进行软化处理,其方法有:喷淋、抢水洗、浸泡、润、漂、蒸、煮等。亦可使用回转式减压浸润罐,气相置换式润药箱等软化设备。软化处理应按药材的大小、粗细、质地等分别处理。分别规定温度、水量、时间等条件,应少泡多润,防止有效成分流失。切后应及时干燥,以保证质量。

切制品有片、段、块、丝等。其规格厚度通常为:

片:极薄片 0.5 mm 以下,薄片 1～2 mm,厚片 2～4 mm;

段:短段 5～10 mm,长段 10～15 mm;

块:8～12 mm 的方块;

丝:细丝 2～3 mm,宽丝 5～10 mm。

其他不宜切制者,一般应捣碎或碾碎使用。

3. **炮制**　除另有规定外,常用的炮制方法和要求如下:

(1) 炒:炒制分单炒(清炒)和加辅料炒。需炒制者应为干燥品,且大小分档;炒时火力应均匀,不断翻动。应掌握加热温度、炒制时间及程度要求。

①单炒(清炒):取待炮制品,置炒制容器内,用文火加热至规定程度时,取出,放凉。需炒焦者,一般用中火炒至表面焦褐色,断面焦黄色为度,取出,放凉;炒焦时易燃者,可喷淋清水少许,再炒干。

②麸炒:先将炒制容器加热,至撒入麸皮即刻起烟,随即投入待炮制品,迅速翻动,炒至表面呈黄色或深黄色时,取出,筛去麸皮,放凉。

除另有规定外,每 100 kg 待炮制品,用麸皮 10～15 kg。

③砂炒:取洁净河砂置炒制容器内,用武火加热至滑利状态时,投入待炮制品,不断翻动,炒至表面鼓起、酥脆或至规定的程度时,取出,筛去河砂,放凉。

除另有规定外,河砂以掩埋待炮制品为度。

如需醋淬时,筛去辅料后,趁热投入醋液中淬酥。

④蛤粉炒:取碾细过筛后的净蛤粉,置锅内,用中火加热至翻动较滑利时,投入待炮制品,翻炒至鼓起或成珠,内部疏松、外表呈黄色时,迅速取出,筛去蛤粉,放凉。

除另有规定外,每 100 kg 待炮制品用蛤粉 30～50 kg。

⑤滑石粉炒:取滑石粉置炒制容器内,用中火加热至灵活状态时,投入待炮制品,翻炒至鼓

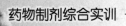

起、酥脆、表面黄色或至规定程度时,迅速取出,筛去滑石粉,放凉。

除另有规定外,每 100 kg 待炮制品用滑石粉 40～50 kg。

(2)炙法:是待炮制品与液体辅料共同拌润,并炒至一定程度的方法。

①酒炙:取待炮制品,加黄酒拌匀,闷透,置炒制容器内,用文火炒至规定的程度时,取出,放凉。

酒炙时,除另有规定外,一般用黄酒。除另有规定外,每 100 kg 待炮制品用黄酒 10～20 kg。

②醋炙:取待炮制品,加醋拌匀,闷透,置炒制容器内,炒至规定的程度时,取出,放凉。

醋炙时,用米醋。除另有规定外,每 100 kg 待炮制品,用米醋 20 kg。

③盐炙:取待炮制品,加盐水拌匀,闷透,置炒制容器内,以文火加热,炒至规定的程度时,取出,放凉。

盐炙时,用食盐,应先加适量水溶解后,滤过,备用。除另有规定外,每 100 kg 待炮制品用食盐 2 kg。

④姜炙:姜炙时,应先将生姜洗净,捣烂,加水适量,压榨取汁,姜渣再加水适量重复压榨一次,合并汁液,即为"姜汁"。姜汁与生姜的比例为 1 : 1。

取待炮制品,加姜汁拌匀,置锅内,用文火炒至姜汁被吸尽,或至规定的程度时,取出,晾干。

除另有规定外,每 100 kg 待炮制品用生姜 10 kg。

⑤蜜炙:蜜炙时,应先将炼蜜加适量沸水稀释后,加入待炮制品中拌匀,闷透,置炒制容器内,用文火炒至规定程度时,取出,放凉。

蜜炙时,用炼蜜。除另有规定外,每 100 kg 待炮制品用炼蜜 25 kg。

⑥油炙:羊脂油炙时,先将羊脂油置锅内加热溶化后去渣,加入待炮制品拌匀,用文火炒至油被吸尽,表面光亮时,摊开,放凉。

(3)制炭:制炭时应"存性",并防止灰化,更要避免复燃。

①炒炭:取待炮制品,置热锅内,用武火炒至表面焦黑色、内部焦褐色或至规定程度时,喷淋清水少许,熄灭火星,取出,晾干。

②煅炭:取待炮制品,置煅锅内,密封,加热至所需程度,放凉,取出。

(4)煅:煅制时应注意煅透,使酥脆易碎。

①明煅:取待炮制品,砸成小块,置适宜的容器内,煅至酥脆或红透时,取出,放凉,碾碎。

含有结晶水的盐类药材,不要求煅红,但需使结晶水蒸发至尽,或全部形成蜂窝状的块状固体。

②煅淬:将待炮制品煅至红透时,立即投入规定的液体辅料中,淬酥(若不酥,可反复煅淬至酥),取出,干燥,打碎或研粉。

(5)蒸:取待炮制品,大小分档,按各品种炮制项下的规定,加清水或液体辅料拌匀、润透,置适宜的蒸制容器内,用蒸汽加热至规定程度,取出,稍晾,拌回蒸液,再晾至六成干,切片或段,干燥。

（6）煮：取待炮制品大小分档，按各品种炮制项下的规定，加清水或规定的辅料共煮透，至切开内无白心时，取出，晾至六成干，切片，干燥。

（7）炖：取待炮制品按各品种炮制项下的规定，加入液体辅料，置适宜的容器内，密闭，隔水或用蒸汽加热炖透，或炖至辅料完全被吸尽时，放凉，取出，晾至六成干，切片，干燥。

蒸、煮、炖时，除另有规定外，一般每100 kg待炮制品，用水或规定的辅料20～30 kg。

（8）煨：取待炮制品用面皮或湿纸包裹，或用吸油纸均匀地隔层分放，进行加热处理；或将其与麸皮同置炒制容器内，用文火炒至规定程度取出，放凉。

除另有规定外，每100 kg待炮制品用麸皮50 kg。

4. 其他

（1）燀：取待炮制品投入沸水中，翻动片刻，捞出，有的种子类药材，燀至种皮由皱缩至舒展、易搓去时，捞出，放入冷水中，除去种皮，晒干。

（2）制霜（去油成霜）：除另有规定外，取待炮制品碾碎如泥，经微热，压榨除去大部分油脂，含油量符合要求后，取残渣研制成符合规定的松散粉末。

（3）水飞：取待炮制品，置容器内，加适量水共研成糊状，再加水，搅拌，倾出混悬液。残渣再照上法反复操作数次，合并混悬液，静置，分取沉淀，干燥，研散。

（4）发芽：取待炮制品，置容器内，加适量水浸泡后，取出，在适宜的湿度和温度下使其发芽至规定程度，晒干或低温干燥。注意避免带入油腻，以防烂芽。一般芽长不超过1 cm。

（5）发酵：取待炮制品加规定的辅料拌匀后，制成一定形状，置适宜的湿度和温度下，使微生物生长至其中酶含量达到规定程度，晒干或低温干燥。注意发酵过程中，发现有黄曲霉菌，应禁用。

（二）GMP生产要求

1. 中药材净选前应按要求做好清场；毒性、麻醉或贵细等药材，应在专用生产区域进行净选操作。净选后的药料要标明品名、批号、规格、数量工号、净选日期，并做好记录；净选后中药材不得直接接触地面。

2. 需要用水处理的药材，其用水量、处理时间，必须根据品种、规格、质地等条件确定，按工艺规程认真操作，严格控制；水制应用饮用水，浸过一种药材的水，不得浸另外一种药材；淘洗药材时，最后一遍水洗应用流水冲洗。除必须浸泡的药材外，水处理药材时，应尽量做到"少泡多润"、"药透汁尽"。水制后的药材，应及时淋干或甩干后，装入洁净容器中，标明品名、数量、生产日期、批号、工号并迅速转入下道工序。

3. 切制操作人员应根据中药饮片规格标准，按质量要求进行切制。切制后的药材装入洁净的容器，注明品名、数量、生产日期、批号、工号并迅速转入下道工序。除按生产工艺规程要求进行切制外，切制品应及时干燥并记录。切制品装入洁净容器内，容器内外有明显标志。

4. 洗涤后的药材及切制的饮片不得露天干燥，应依药材性质制订各类饮品干燥工艺。干燥过程要定时倒盘和翻盘，防止糊化。干燥后的药材应用洁净容器盛装并附上标签，标明品名、

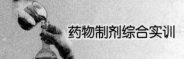
数量、工号、批号、生产日期并做好记录。一台干燥设备内不能同时干燥两种或两种以上的品种。

二、实训用物

所制药材及饮片。

三、实施要点

（一）净制岗位职责

1. 严格执行《净制岗位操作法》、《净制设备标准操作规程》。

2. 负责净制所用设备的安全使用及日常保养，避免发生生产事故。

3. 严格执行生产指令，保证净制所用的药物名称、批号、数量、规格、质量无误，净制质量达到内控标准。

4. 自觉执行工艺纪律，确保本岗位不发生混药、错药或对药品造成污染，发现偏差及时汇报。

5. 如实填写各种生产记录，对所填写的原始记录、盛装单无误负责。

6. 搞好本岗位的清场工作。

（二）切制岗位职责

1. 严格执行《切制岗位操作法》、《切制设备标准操作规程》。

2. 负责润药、切制及干燥所用设备的安全使用及日常保养，避免发生生产事故。

3. 严格执行生产指令，保证切制所用的药物名称、批号、数量、规格无误，切制质量达到内控标准。

4. 自觉执行工艺纪律，确保本岗位不发生混药、错药或对药品造成污染，发现偏差及时汇报。

5. 如实填写各种生产记录对所填写的原始记录、盛装单无误负责。

6. 搞好本岗位的清场工作。

（三）炒制岗位职责

1. 严格执行《炒制岗位操作法》、《炒制设备标准操作规程》。

2. 负责炒制所用设备的安全使用及日常保养，避免发生生产事故。

3. 严格执行生产指令，保证炒制所用的药物名称、批号、数量、规格无误，炒制质量达到内控标准。

4. 自觉执行工艺纪律，确保本岗位不发生混药、错药或对药品造成污染，发现偏差及时汇报。

5. 如实填写各种生产记录对所填写的原始记录、盛装单无误负责。

6. 搞好本岗位的清场工作。

（四）炙制岗位职责

1．严格执行《炙制岗位操作法》、《炙制设备标准操作规程》。

2．负责炙制所用设备的安全使用及日常保养,避免发生生产事故。

3．严格执行生产指令,保证炙制所用的药物名称、批号、数量、规格无误,炙制质量达到内控标准。

4．自觉执行工艺纪律,确保本岗位不发生混药、错药或对药品造成污染,发现偏差及时汇报。

5．如实填写各工种生产记录对所填写的原始记录、盛装单无误负责。

6．搞好本岗位的清场工作。

（五）锻制岗位职责

1．严格执行《锻制岗位操作法》、《锻制设备标准操作规程》。

2．负责锻制所用设备的安全使用及日常保养,避免发生生产事故。

3．严格执行生产指令,保证锻制所用的药物名称、批号、数量、规格无误,锻制质量达到内控标准。

4．自觉执行工艺纪律,确保本岗位不发生混药、错药或对药品造成污染,发现偏差及时汇报。

5．如实填写各工种生产记录对所填写的原始记录、盛装单无误负责。

6．搞好本岗位的清场工作。

（六）蒸、煮、焯岗位职责

1．严格执行《蒸、煮、焯岗位操作法》、《蒸、煮、焯设备标准操作规程》。

2．负责蒸、煮、焯所用设备的安全使用及日常保养,避免发生生产事故。

3．严格执行生产指令,保证蒸、煮、焯所用的药物名称、批号、数量、规格无误,蒸、煮、焯质量达到内控标准。

4．自觉执行工艺纪律,确保本岗位不发生混药、错药或对药品造成污染,发现偏差及时汇报。

5．如实填写各工种生产记录对所填写的原始记录、盛装单无误负责。

6．搞好本岗位的清场工作。

（七）干燥岗位职责

1．严格执行《干燥岗位操作法》、《干燥设备标准操作规程》。

2．负责干燥所用设备的安全使用及日常保养,避免发生生产事故。

3．严格执行生产指令,保证干燥所用的药物名称、批号、数量、规格无误,干燥质量达到内控标准。

4．自觉执行工艺纪律,确保本岗位不发生混药、错药或对药品造成污染,发现偏差及时汇报。

5．如实填写各工种生产记录对所填写的原始记录、盛装单无误负责。

6．搞好本岗位的清场工作。

【中药炮制技能考核评价标准】

班级：　　　　姓名：　　　　学号：　　　　得分：

测试内容	技能要求	分值	得分
实训准备	1. 着装整洁，卫生习惯好 2. 检查核实清场情况，检查清场合格证 3. 对设备状况进行检查 4. 对称量器具进行检查 5. 对生产用具的清洁状态进行检查	20	
实训记录	1. 检查批生产记录、批包装记录、批清场记录材料的完整性 2. 正确、及时填写批生产记录、批包装记录、批清场记录	10	
实训操作	1. 按操作规程进行炮制操作，按照 SOP 进行操作 2. 按正确步骤将中间产品、成品收集 3. 炮制完毕按正确步骤关闭机器	40	
成品质量	1. 饮片按照炮制规范达到规定要求 2. 各步骤收率达到指定标准 3. 按照规定取样要求取样并送检	10	
清场	按要求清洁仪器设备、单元操作间，交接好所用物料、工具及产品	10	
实训报告	实训报告工整、完整、真实、准确，并能针对结果进行分析讨论	10	
合　计		100	

监考教师：　　　　　　　　　　考核时间：

（夏成凯）

实训二十七　中药提取设备

实训目标

1. 了解常见中药的提取方法及特点。
2. 掌握中药提取岗位的岗位操作规程。
3. 掌握多功能提取设备的标准操作规程。
4. 掌握多功能提取设备的清洁操作规程。

实训内容

一、相关知识

提取技术是应用溶剂提取固体原料中某一或某类成分的提取分离操作,又称固液萃取。提取是多数中药制剂的必需操作单元,其目的是尽可能多地提取出中药材中的药效物质,最大限度地减少无效物质和有害成分的浸出,以便简化后期的分离精制工艺,降低服用量,确保制剂的安全、有效和稳定。

(一)中药浸提的原理

1. 浸润与渗透阶段　溶剂能否使药材表面润湿,与溶剂性质和药材性质有关,取决于附着层(液体与固体接触的那一层)的特性。如果药材与溶剂之间的附着力大于溶剂分子间的内聚力,则药材易被润湿;反之,如果溶剂的内聚力大于药材与溶剂之间的附着力,则药材不易被润湿。在大多数情况下,药材能被溶剂润湿。因为药材中有带极性基团物质,如蛋白质、果胶、糖类、纤维素等,所以能被水和醇等极性较强的溶剂润湿。

润湿后的药材,由于液体静压力和毛细管的作用,溶剂进入药材空隙和裂缝中,渗透进细胞组织内,使干瘪细胞膨胀,恢复通透性,溶剂更进一步渗透入细胞内部。但是,如果溶剂选择不当,或药材中含特殊有碍浸出的成分,则润湿会遇到困难,溶剂就很难向细胞内渗透。例如,要从含脂肪油较多的中药材中浸出水溶性成分,应先进行脱脂处理;用乙醚、氯仿等非极性溶剂浸提脂溶性成分时,药材需先进行干燥。为了帮助溶剂润湿药材,有时可于溶剂中加入适量表面活性剂。溶剂能否顺利地透入细胞内,还与毛细管中有无气体栓塞有关。所以,在加入溶剂后用挤压法,或于密闭容器内减压,以排出毛细管内空气,有利于溶剂向细胞组织内渗透。

2. 解吸与溶解阶段　溶剂进入细胞后,可溶性成分逐渐溶解,胶性物质由于胶溶作用,转入溶液中或膨胀生成凝胶。随着成分的溶解和胶溶,浸出液的浓度逐渐增大,渗透压提高,溶继续向细胞内透入,部分细胞壁膨胀破裂,为已溶解的成分向外扩散创造了有利条件。

由于药材中有些成分对其他成分有较强的吸附作用(亲合力),使这些成分不能直接溶解在溶剂中,需要解除这种吸附作用才能使其溶解,所以,药材浸提时需选用具解吸作用的溶剂,如水、乙醇等。必要时可于溶剂中加入适量的酸、碱、甘油、表面活性剂以助解吸,增加有效成分的溶解作用。

浸提溶剂通过毛细管和细胞间隙进入细胞组织后,已经解吸的各种成分就转入溶剂中,这就是溶解阶段。成分能否被溶解,取决于成分结构和溶剂的性质,遵循"相似者相溶"规律。

水能溶解晶形物和胶质,故其浸出液中多含胶体物质;乙醇浸出液中含胶质较少;非极性溶剂的浸出液中不含胶质。

3. 扩散与置换阶段 当浸出溶剂溶解大量药物成分后,细胞内液体浓度显著增高,使细胞内外出现浓度差和渗透压差。所以,细胞外侧纯溶剂或稀溶液向细胞内渗透,细胞内高浓度的液体可不断地向周围低浓度方向扩散,至内外浓度相等,渗透压平衡时,扩散终止。因此,浓度差是渗透或扩散的推动力。物质的扩散速率可借用 Fick's 第一扩散公式来说明:

$$ds = - DF \frac{dc}{dx} \cdot dt$$

上式中,dt 为扩散时间;ds 为在 dt 时间内物质(溶质)扩散量;F 为扩散面积,代表药材的粒度及表面状态;$\frac{dc}{dx}$ 为浓度梯度;D 为扩散系数;负号表示扩散趋向平衡时浓度降低。

扩散系数 D 值随药材而变化,与浸出溶剂的性质亦有关,它不是常数,可由下式求得:

$$D = \frac{RT}{N} \cdot \frac{1}{6\pi r \eta}$$

上式中,R 为克分子气体常数,T 为绝对温度,N 为阿伏伽德罗常数,r 为扩散物质(溶质)分子半径,η 为黏度。

从以上两式可以看出,扩散速率(ds/dt)与扩散面积(F)、浓度差(dc/dx)、温度(T)成正比;与扩散物质(溶质)分子半径(r)、液体的黏度(η)成反比。生产中最重要的是保持最大的浓度梯度(dc/dx),如果没有浓度梯度,其他的因素,如 D 值、F 值、t 值(时间)都失去作用。因此,用浸出溶剂或稀浸出液随时"置换"药材周围的浓浸出液,创造最大的浓度梯度是浸出方法和浸出设备设计的关键。

(二)常用的提取方法

1. 煎煮法 用水作溶剂,将药材加热煮沸一定的时间以提取其所含成分的一种方法。适用于有效成分能溶于水且对湿热稳定的药材。

2. 浸渍法 用定量的溶剂,在一定温度下,将药材浸泡一定的时间,以提取药材成分的一种方法。适用于黏性药物、无组织结构的药材、新鲜及易膨胀的药材、价格低廉的芳香性药材,不适用于贵重药材、毒性药材及高浓度的制剂。

3. 渗漉法 是将药材粗粉置于渗漉器内,溶剂连续地从渗漉器上部加入,渗滤液不断地从下部流出,从而浸出药材中有效成分的一种方法。该法适用于贵重药材、毒性药材及高浓度的制剂;也可用于有效成分含量低的药材的提取。

4. **回流法**　是以乙醇等易挥发的有机溶剂提取药材成分,其中挥发性成分被冷凝,重复回流到浸出器中提取药材,这样周而复始,直至有效成分回流提取完全时为止。该法适用于热稳定药材的提取。

5. **水蒸气蒸馏法**　是应用相互不溶、也不起化学反应的液体,遵循混合物的蒸汽总压等于该温度下各组分饱和蒸汽压(即分压)之和的道尔顿定律,以蒸馏的方法提取有效成分。该法适用于具有挥发性、能随水蒸气蒸馏而不被破坏、与水不发生反应、又难溶或不溶于水的化学成分的提取、分离。

6. **超临界流体提取法**　该法是将临界状态下的流体如 CO_2,以一定温度下通入提取器中,可溶组分溶解在超临界流体中,并且随同该流体一起经过减压阀降压后进入分离器,溶质从气体中分离出来。超临界流体与提取物分离后,经压缩后可循环再使用。该法主要适用于挥发性成分和脂溶性成分的提取以及"热敏性"成分的提取。

(三) 影响浸提的因素

1. **药材粒度**　一般说来药材粉碎得愈细,浸出效果愈好。但是药材粒度太小也不利浸出,其原因有:①过细的粉末对药液和成分的吸附量增加,造成有效成分的损失。②药材粉碎过细,破裂的组织细胞多,浸出的杂质多。③药材粉碎过细给浸提操作带来困难,例如滤过困难、渗漉时易堵塞等。因此,浸提时宜用薄片或粗粉(通过一号筛或二号筛)。

2. **药材成分**　由扩散系数 D 得知,分子小的成分先溶解扩散。有效成分多属于小分子物质,主要含于最初部分的浸出液中。但应指出,有效成分扩散的先决条件还在于其溶解度的大小。易溶性物质的分子即使大,也能先浸出来,这一影响因素在扩散公式中未能概括在内。

3. **浸提温度**　温度高,有利于可溶性成分的溶解和扩散,促进有效成分的浸出。但温度也不宜太高,其原因是:①使某些成分被破坏,挥发性成分损失。②无效成分浸出增加,杂质增多。因此,浸提时应控制适宜的温度。

4. **浸提时间**　浸提时间愈长,浸提愈完全。但当扩散达到平衡时,时间即不起作用。此外,长时间的浸提会使杂质增加。

5. **浓度梯度**　增大浓度梯度能够提高浸出效率。常用的增大浓度梯度的方法有:①不断搅拌;②更换新鲜溶剂;③强制浸出液循环流动;④用流动溶剂渗漉法。

6. **溶剂 pH**　调节浸提溶剂的 pH,可利于某些有效成分的提取。如用酸性溶剂提取生物碱,用碱性溶剂提取皂甙等。

7. **浸提压力**　提高浸提压力有利于加速润湿渗透过程,缩短浸提时间。同时在加压下的渗透,可使部分细胞壁破裂,亦有利于浸出成分的扩散。但对组织松软的药材、容易润湿的药材,加压对浸出影响不显著。

二、实训用物

多功能提取机组。

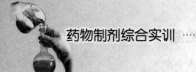

三、实施要点

（一）岗位职责

1. 严格执行《提取岗位操作法》、《提取设备标准操作规程》。

2. 负责提取所用设备的安全使用及日常保养,避免发生生产事故。

3. 严格执行生产指令,保证提取所用的药物名称、批号、数量、规格无误,提取质量达到内控标准。

4. 自觉执行纪律,确保本岗位不发生混药、错药或对药品造成污染,发现偏差及时汇报。

5. 如实填写各工种生产记录,对所填写的原始记录、盛装单无误负责。

6. 搞好本岗位的清场工作。

（二）提取岗位操作规程

1. 生产前准备

（1）操作人员按一般生产区人员标准更衣,进入提取操作间。

（2）检查工作场所、设备、工具、容器是否有"清场合格证",并确定是否在有效期内,否则,按清场程序进行清场。请 QA 质监员检查合格后,将《清场合格证》附于本批生产记录内,进入下一步操作。

（3）检查提取设备是否具有"完好"标志。检查设备是否正常,若有一般故障可自行排出,自己不能排除的需要通知维修部门,正常后方可运行。

（4）提取车间按《一般生产区清洁规程》进行清洁,经 QA 质监员检查合格后,签字确认。

（5）根据《批生产指令》领料并核对领料单内容,如品名、批号、数量、质量,确保无误。

（6）根据《批生产指令》挂贴有产品名称、规格、批号、批量等内容的"正在生产"标志,进入操作状态。

2. 生产操作　根据药材提取的要求,水煎煮提取、乙醇回流提取、提取挥发油,按《多功能提取罐标准操作规程》进行操作。

（1）水煎煮提取:将药材装入提取罐内,加水浸泡 1 小时后,向罐体通入蒸汽进行直接加热,当温度达到提取工艺要求后,停止向罐内进蒸汽,而改用向夹层通蒸汽间接加热,维持罐体温度在规定范围内。第一次加水量为药材量的 10 倍,煎煮时间为溶剂沸腾后 2 小时,第二次、第三次加水量为药材量 7 倍,煎煮时间为溶剂沸腾后 1.5 小时。

（2）乙醇回流提取:药材装入提取罐内,加入乙醇溶剂,采用向夹层内通入蒸汽间接加热,开启冷凝水循环系统,溶剂经冷却,回流至提取罐内。溶剂的加入量和加热时间同水提。

（3）提取挥发油:按水煎煮法操作,开启冷凝水循环系统,关闭冷却器与汽液分离器的阀门,打开通往油水分离器的阀门,使冷却液进入油水分离器,挥发油从油水分离器的油出口放出,芳香水经汽液分离器流回到提取罐内。

（4）生产结束,做好设备和环境的清洁。

3. 清场

（1）清场时,严格执行《清场标准操作规程》。

（2）为了保证清场工作质量，清场时应遵循先上后下、先外后里，一道工序完成后方可进行下道工序作业。

（3）清场后，填写清场记录，经 QA 质监员检查合格后在加工记录上签字认可后，操作人员在规定位置上挂"已清洁"标志，同时撤掉"运行状态"标志。

4. 记录　及时如实填写生产操作记录。

（三）多功能提取罐标准操作规程

1. 开机运行前的准备工作

（1）检查设备清洁情况及《清场合格证》的有效期。

（2）检查各处的螺栓是否松动，阀门开闭是否灵活。

（3）检查水、电、气供应情况是否良好。

（4）检查出渣门的搭钩是否灵活，气缸下部小孔是否通畅。

（5）检查出渣门、加料口橡胶密封圈是否完整，不允许有位移、破损、丢失。

（6）检查附件仪表是否灵敏、完好。

（7）按生产指令填写生产状态标志牌，并于指定位置挂"生产运行"标志。

（8）试开机运行，提取罐运行无障碍现象后，重新启动。

2. 开机运行

（1）关闭并锁紧出渣门，用饮用水冲洗罐内壁、底盖，放掉水。

（2）打开进料口，按生产指令及各原料相应的投料量将经过前处理的原料投入到提取罐中，关闭投料口。

（3）加入溶剂，打开进水阀，启动离心泵，向罐体内注入溶剂。

（4）加热提取，开通冷凝循环水，打开蒸汽阀门进行加热，升温加热，升温速度先快后慢，待温度升到所需温度时，调节蒸汽阀门，保持微沸至工艺要求时间，不断观察罐中动态，防止爆沸冲料。

（5）当提取挥发油时，两次蒸汽通过冷凝、冷却后进入油水分离器。

（6）强制循环，在提取过程中，可采用逆流强制循环操作，即将药液由罐体下部排液口流出，经过滤器过滤后，用泵输送到提取罐内，从而使药材松动，提高提取速率。

（7）药液滤过与贮存，加热结束后，关闭蒸汽阀门，开启放料阀，经过滤器滤过后提取液经管道输送到贮液罐。

（8）放液后，按照工艺要求进行第二次、第三次提取。

（9）提取液放尽后，关闭功能阀，操作气动阀，开启出渣门，排除药渣，开启进水阀，用水将提取罐及药液软管清洗干净，并按照清洁规程对多功能提取罐进行清洁。

3. 清场

（1）设备的清洗按各设备清洗程序操作，清洗前必须首先关掉蒸汽，切断电源。

（2）每班使用完毕后，必须彻底清理提取罐内物料，并清洗干净汽液分离器及油水分离器。

（3）凡能用水冲洗的设备，可用高压水枪冲洗，先用饮用水冲洗至无污水，然后再用纯化水冲洗两次。

（4）不能直接用水冲洗的设备，先扫除设备表面的积尘。凡是直接接触药物的部位，可用纯水浸湿抹布直至干净，能拆下的零部件应拆下。凡能用水冲洗的设备，可用高压水枪冲洗，先用饮用水冲洗至无污水，然后再用纯化水冲洗两次。

（5）凡能在清洗间清洗的零部件和能移动的小型设备，尽可能在清洗间清洗烘干。

（6）工具、容器的清洗一律在清洗间清洗，先用饮用水清洗干净，再用纯化水清洗两次，移至烘箱烘干。

（7）门、窗、墙壁、风管等，先用干抹布擦抹掉表面灰尘，再用饮用水浸湿抹布擦抹直到干净。

（8）凡是设有地漏的工作室，地面用饮用水冲洗干净，无地漏的工作室用拖把抹擦干净（洁净区用洁净区的专用拖把）。

（9）清场后，填写清场记录，上报 QA 质监员，检查合格后挂《清场合格证》。

四、注意事项

1. 根据提取原料性质不同采用不同的提取温度、压力及时间。

2. 根据药材的质地不同，控制不同的加水量和提取次数。

表 27－1　提取工序生产记录表

品　　名			规　　格	
生产批号			重　　量	
生产车间			生产日期	
生产前准备	1. 操作间清场合格有《清场合格证》并在有效期内 2. 对设备状况进行检查 3. 所有器具已清洁 4. 物料有物料卡 5. 挂"正在生产"状态牌		□ □ □ □ □ 温度：　　　相对湿度： 签名：	
生产操作	1. 按《多功能提取罐标准操作规程》操作 2. 操作条件 温度： 压力：		第一次:加液量_____L,提取时间_____h, 出液量_____L 第二次:加液量_____L,提取时间_____h, 出液量_____L 第三次:加液量_____L,提取时间_____h, 出液量_____L 挥发油量_____L	
偏差处理	有无偏差： 偏差情况及处理： 　　　　　　　　　　　　　　　QA 质监员签名：			

表27-2 提取岗位清场记录

岗位名称		生产批号		
药品品名		清场日期		年 月 日
清场项目	清场人	检查人		QA质监员
尾料是否清场	是□ 否□	合格□ 不合格□		合格□ 不合格□
生产废弃物是否清场	是□ 否□	合格□ 不合格□		合格□ 不合格□
厂房是否清洁	是□ 否□	合格□ 不合格□		合格□ 不合格□
设备是否清洁	是□ 否□	合格□ 不合格□		合格□ 不合格□
容器具、工器具是否清洁	是□ 否□	合格□ 不合格□		合格□ 不合格□
中间产品是否按规定放置	是□ 否□	合格□ 不合格□		合格□ 不合格□
工艺文件是否清离	是□ 否□	合格□ 不合格□		合格□ 不合格□
地漏、排水沟是否清洁	是□ 否□	合格□ 不合格□		合格□ 不合格□
本次批生产标志是否清场	是□ 否□	合格□ 不合格□		合格□ 不合格□
清洁工具是否清洁	是□ 否□	合格□ 不合格□		合格□ 不合格□
检查结果	检查合格发放清场合格证,清场合格证黏贴在本记录背面			
验收人签字	清场人: 检查人: 检查时间: 时 分 QA质监员: 复查时间: 时 分			
备注:				

实训考核

【中药提取技能考核评价标准】

班级: 姓名: 学号: 得分:

测试内容	技能要求	分值	得分
实训准备	1. 着装整洁,卫生习惯好 2. 检查核实清场情况,检查清场合格证 3. 对设备状况进行检查 4. 对称量器具进行检查 5. 对生产用具的清洁状态进行检查	20	
实训记录	1. 正确、及时记录实验的现象、数据 2. 按要求填写生产与清场记录	10	
实训操作	1. 按操作规程进行提取操作 2. 按正确步骤将提取后提取液进行收集 3. 提取完毕按正确步骤关闭机器	40	
成品质量	1. 提取液的色泽达到规定要求 2. 提取液的收率达到指定标准	10	
清场	按要求清洁仪器设备、单元操作间,交接好所用物料、工具及产品	10	
实训报告	实训报告工整、完整、真实、准确,并能针对结果进行分析讨论	10	
合 计		100	

监考教师: 考核时间:

(夏成凯)

实训二十八　中药丸剂的生产流程与设备

在模拟仿真生产环境下完成中药丸剂的制备工作。要求：
1. 通过中药丸剂的制备，掌握中药丸剂的制备工艺过程。
2. 熟悉常用制丸机的使用方法。
3. 会分析中药丸剂处方的组成和各种辅料在制丸过程中的作用。

一、相关知识

（一）丸剂分类及特点

1. 丸剂分类

丸剂是指饮片细粉或提取物加适宜的黏合剂或其他辅料制成的球形或类球形制剂，分为蜜丸、水蜜丸、水丸、糊丸、蜡丸、浓缩丸和滴丸等类型。

（1）蜜丸：是指饮片细粉以蜂蜜为黏合剂制成的丸剂。其中每丸重量在 0.5 g（含 0.5 g）以上的称大蜜丸，每丸重量在 0.5 g 以下的称小蜜丸。

（2）水蜜丸：是指饮片细粉以蜂蜜和水为黏合剂制成的丸剂。

（3）水丸：是指饮片细粉以水（或根据制法用黄酒、醋、稀药汁、糖液等）为黏合剂制成的丸剂。

（4）糊丸：是指饮片细粉以米粉、米糊或面糊等为黏合剂制成的丸剂。

（5）蜡丸：是指饮片细粉以蜂蜡为黏合剂制成的丸剂。

（6）浓缩丸：是指饮片或部分饮片提取浓缩后，与适宜的辅料或其余饮片细粉，以水、蜂蜜或蜂蜜和水为黏合剂制成的丸剂。根据所用黏合剂的不同，分为浓缩水丸、浓缩蜜丸和浓缩水蜜丸。

（7）滴丸：是指饮片经适宜的方法提取、纯化后与适宜的基质加热熔融混匀，滴入不相混溶的冷凝介质中制成的球形或类球形制剂。

2. 中药丸剂的特点
（1）传统丸剂作用迟缓，适合慢性疾病的治疗。
（2）某些新型丸剂可用于急救，如速效滴丸。
（3）可缓和某些药物的毒副作用。

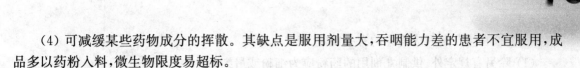

（4）可减缓某些药物成分的挥散。其缺点是服用剂量大，吞咽能力差的患者不宜服用，成品多以药粉入料，微生物限度易超标。

（二）制备方法

1. 中药丸剂的制备方法　中药丸剂常用的制备方法分为泛制法、塑制法和滴制法。

（1）泛制法：是指在转动的适宜容器或机械中，将药材细粉与赋形剂交替润湿、撒布，不断翻滚，逐渐增大的一种制丸方法，主要用于水丸、水蜜丸、糊丸、浓缩丸、微丸的制备。

（2）塑制法：是指药材细粉加适宜的黏合剂，混合均匀，制成软硬适宜、可塑性较大的丸块，再依次制丸条、分丸粒、搓圆而成丸粒的一种制丸方法，多用制丸机。用于蜜丸、糊丸、蜡丸、浓缩丸、水蜜丸的制备。

（3）滴制法：是指固体、液体药物或药材提取物与基质加热熔化混匀后，滴入不想混溶的冷凝液中，收缩冷凝形成制剂的一种制丸方法，用于滴丸的制备。

2. 中药丸剂制备的工艺流程　丸剂制备中最常用的是塑制法，塑制法的工艺流程图如图 28-1 所示。

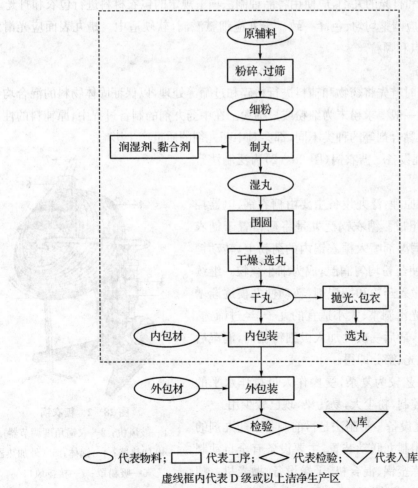

代表物料；　代表工序；　代表检验；　代表入库

虚线框内代表 D 级或以上洁净生产区

图 28-1　塑制法的工艺流程图

203

3. 丸剂在生产期间应符合的有关规定

（1）除另有规定外，供制丸剂用的药粉应为细粉或最细粉。

（2）蜜丸所用蜂蜜须经炼制后使用，按炼蜜程度分为嫩蜜、中蜜和老蜜，制备蜜丸时可根据品种、气象等具体情况选用。除另有规定外，用塑制法制备蜜丸时，炼蜜应趁热加入药粉中，混合均匀；处方中有树脂类、胶类及含挥发性成分的药味时，炼蜜应在 60 ℃左右加入；用泛制法制备水蜜丸时，炼蜜应用沸水稀释后使用。

（3）浓缩丸所用提取物应按制法规定，采用一定的方法提取浓缩制成。

（4）除另有规定外，水蜜丸、水丸、浓缩水蜜丸和浓缩水丸均应在 80 ℃以下干燥；含挥发性成分或淀粉较多的丸剂（包括糊丸）应在 60 ℃以下干燥；不宜加热干燥的，应采用其他适宜的方法干燥。

（5）制备蜡丸所用的蜂蜡应符合本版药典该饮片项下的规定。制备时，将蜂蜡加热熔化，待冷却至 60 ℃左右按比例加入药粉，混合均匀，趁热按塑制法制丸，并注意保温。

（6）凡需包衣和打光的丸剂，应使用各品种制法项下规定的包衣材料进行包衣和打光。

（7）丸剂外观应圆整均匀、色泽一致。蜜丸应细腻滋润，软硬适中。蜡丸表面应光滑无裂纹，丸内不得有蜡点和颗粒。

（三）制丸设备

制备中药丸剂时首先将药物和辅料进行粉碎和过筛等处理，以保证固体物料的混合均匀性和药物的溶出度。一般要求粉末为细粉或最细粉。在中药丸剂的制备过程中，原辅料的性质不同，所用的润湿剂、黏合剂等的种类不同，都会对中药丸剂的质量产生影响。

1. 泛制法制丸设备　糖衣锅（图 28-2）为泛制法常用制丸设备。

糖衣锅泛丸的原理：泛丸设备主要由糖衣锅、电器控制系统、加热装置组成。糖衣锅泛丸是将药粉置于糖衣锅中，用喷雾器将润湿剂喷入糖衣锅内的药粉上，转动糖衣锅或人工搓揉，使药粉均匀润湿，成为细小颗粒。继续转动成为丸模，再撒入药粉和润湿剂，转动使丸模逐渐增大成为坚实致密、光滑圆整、大小适宜的丸子，经过筛选，剔除不合格的丸子，最后一次性加入极细粉盖面，润湿后滚动打光，干燥、抛光、筛分即得。

泛制法制丸工艺较为复杂，受操作人员操作水平的影响较大，质量难控制，粉尘大，易污染，现已较少用。

2. 塑制法制丸设备　塑制法是目前制备中药丸剂的常用方法，现多采用制丸联动装置，主要设备有全自动制丸机，辅助设备有炼蜜锅、混合机、干燥设备、抛光机。塑制法利用现代化生产设备，自动化程度高，工艺简单，丸

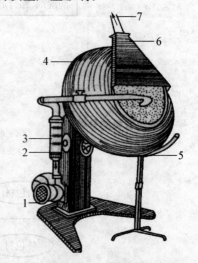

图 28-2　糖衣锅

1—鼓风机；2—衣锅角度调节器；

3—电加热器；4—锅体；5—外加热器；

6—吸粉罩；7—接排风口

子大小均匀、表面光滑,而且粉尘少、污染小、效率高,所以是最普遍采用的制丸方法。

全自动制丸机(图28-3)主要由捏合、制丸条、轧丸和搓丸等部件构成。其工作原理是:将药粉置于混合机中,加入适量的润湿剂或黏合剂混合均匀制成软硬适宜的软材,即丸块,丸块通过制条机制成丸条,丸条通过顺条器(导轮)进入有槽滚筒切割、搓圆成丸。

3. 滴制法制丸设备　全自动滴丸机(图28-4)是滴制法制丸的主要设备,自动化程度高,设备简单,具有易操作、生产周期短、生产过程简单、成本低、无粉尘污染等优点,其质量稳定均匀,含量准确,高效速效。其一般工艺过程包括:熔融基质、加入药材提取物制成滴制液、滴制、冷凝、洗涤、干燥成丸。

图28-3　ZNZ106型全自动制丸机

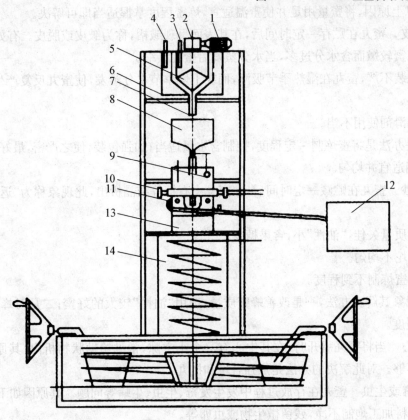

图28-4　XD-20滴丸机

1—电动机;2—涡轮减速器;3—温度计;4—恒温控制仪;5—搅拌器;6—加热器;7—虑套;
8—储液罐;9—浮球阀;10—滴头活塞手柄;11—滴头;12—测速仪;13—侧门;14—冷却柱

（四）制丸时可能发生的问题及处理方法

以常见的蜜丸为例。

1. 表面粗糙　制备出的药丸表面粗糙,有以下原因:

（1）药料中含纤维多。

（2）药料中含矿物或贝壳类药过多。

（3）药粉过粗。

（4）蜜丸加蜜量少而且混合不均。

（5）润滑剂用量不足。

一般是将药料粉碎得更细些,加大用蜜量,用较老的炼蜜,给足润滑剂等办法解决;亦可将含纤维多的、矿物药等药味加以提取,浓缩成稠膏再制备。

2. 蜜丸变硬　蜜丸在存放过程中变得坚硬,其原因如下:

（1）用蜜量不足。

（2）蜜温较低。

（3）个别含胶类药比例较多,合坨时蜜温过高而使其烊化又冷固。

针对以上原因,将蜜量用足并使蜜温适宜,炼蜜程度掌握适当即可解决。

3. 皱皮　蜜丸在贮存一定时间后,在其表面呈现皱褶,称为皱皮或脱皮。有如下原因:

（1）炼蜜较嫩而含水分过多,当水分蒸发后蜜丸萎缩。

（2）包装不严,蜜丸在湿热季节吸潮,而在干燥季节水分蒸发,使蜜丸反复产生胀缩现象而造成。

（3）润滑剂使用不当。

其解决办法是将蜜炼制一定程度,控制含水量适当;加强包装,使之严密,最好用蜡壳包装;所用润滑剂适宜并均匀。

4. 返砂　蜜丸在贮藏一定时间后,在蜜丸中有糖等结晶析出,此现象称为"返砂"。其原因如下:

（1）蜜质量欠佳,"油性"小,含果糖少。

（2）合坨不均匀。

（3）蜂蜜炼制不到程度。

对此现象其解决办法,一是改善蜂蜜质量,选用"油性"较大的好蜜;二是对蜂蜜加强炼制,控制炼蜜程度。

5. 空心　当将蜜丸掰开时,在其中心有一个小空隙,常见饴糖状物析出,其原因主要是制丸时揉搓不够。对此解决的办法是加强合坨和搓丸。

6. 发霉或生虫　蜜丸在存放过程中发生发霉、生虫、生螨等问题。其原因如下:

（1）药料加工炮制不净,残留微生物或虫卵等。

（2）药料在粉碎、过筛、合坨、制丸及包装等操作中受污染。

（3）包装不严密,在贮存中污染。

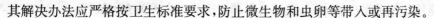

其解决办法应严格按卫生标准要求,防止微生物和虫卵等带入或再污染。

7. 制丸机常见故障产生原因及处理方法　见表 28-1。

表 28-1　制丸机常见故障产生原因及处理方法

故　　障	产生原因	处理方法
丸型不圆	制丸刀没对正 药条粗细不均	对正制丸刀 更换出条口
剂量不准	药条粗细不均	更换出条口
粘刀	酒精少或喷不出 制丸刀局部有毛刺	加入酒精量 去掉毛刺
酒精喷不出	无酒精或管路堵塞	加酒精,清除堵塞

（五）生产过程偏差处理

1. 偏差范围

（1）物料平衡超出收率的合格范围。

（2）生产过程周期控制超出工艺规程范围。

（3）生产过程工艺条件发生偏移、变化。

（4）生产过程中设备突发异常,可能影响产品质量。

（5）产品质量偏移内控标准。

（6）实用数与领用数发生差额。

（7）生产中的其他异常情况。

2. 偏差处理原则　确认不能影响最终产品的质量,确保安全、有效。

3. 偏差处理程序

（1）凡发生偏差时,必须由发现人填写偏差通知单,写明:品名、批号、工序、偏差的内容、发生的过程、地点、填表人签字、日期。

（2）将偏差通知单上交车间主任,并报质量部检查员和生产部、质量部负责人。

（3）生产部负责人应及时会同质量部和车间、仓库等进行调查,根据调查结果提出处理措施。

①确认不影响产品最终质量的情况下继续加工。

②确认不影响产品质量的情况下进行返工或采取其他补救措施。

③确认可能影响产品质量,应报废或销毁。

（4）生产部负责人应将上述调查结果（必要时应检验）、急需采取的措施（详细阐述、必要时经过验证）,写出书面报告,一式三份,签字后附于偏差通知单之后,上报质量部。由质量部负责人审核、批准、签字后,一份由质量部存档,一份由生产部存档,一份归入批生产记录。

（5）相关事宜:若调查发现有可能与本批次前生产批次的产品关联,必须立即通知质量部

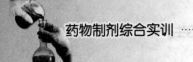

负责人,采取措施停止相关批次的出厂放行,直至调查确认与之无关方可放行。

二、实训用物

1. **仪器** 电子天平、台秤、物料铲、烧杯、塑料盆、药典筛、不锈钢托盘、混合机、炼药机、制丸机、撒粉机、糖衣锅、烘箱。

2. **材料** 纯化水;95%乙醇;丹皮酚细粉;牡丹皮药渣与山茱萸、泽泻、茯苓、熟地黄(质量比2∶1∶2∶2∶5)共同提取浓缩得到的浸膏(相对密度1.35~1.40,80~90℃测);山药和山茱萸(质量比3∶2)共同粉碎得到的生药粉(全部过80目)。

三、实施要点

六味地黄丸(浓缩丸)的制备。

（一）处方

丹皮酚	1.6 g	(主药)
生药粉	800 g	(主药)
浸膏	800 g	(主药、黏合剂)
纯化水	适量	(黏合剂)
共制中药丸剂	8 000 丸	

（二）制法

1. **原辅料处理** 筛出通过120目的生药粉约5%,备用(围圆、拉光用)。

2. **混合** 取丹皮酚1.6 g与灭菌后的生药粉以1∶2的质量比混匀(即一份质量的丹皮酚与两份质量的生药粉混合,再以上述混合粉一份与两份质量的生药粉混合,以此类推,直至生药粉混完为止)。

3. **软材制备** 按照工艺要求,依次加入混合均匀的药粉、浸膏、纯化水适量,混合均匀。将物料转入炼药机进行炼制,直至软材软硬适宜而不黏手。

4. **制丸** 将软材置于制丸机上,按照制丸机标准操作规程操作进行丸剂的制备,同时根据六味地黄丸(浓缩丸)中间体质量标准进行过程调节。

5. **撒粉、围圆** 湿丸及时撒粉以防黏连,符合规定的丸子置于糖衣锅中围圆(用稀浸膏和通过120目的细粉适量)。

6. **干燥** 围圆之后的湿丸经初次筛选后置于烘箱中40~60℃之间烘干,即得。

（三）丸剂制备岗位操作规程

1. 生产前准备

（1）操作人员按D级洁净区要求进行更衣、消毒,进入丸剂制备操作间。

（2）检查操作间、工具、容器、设备等是否有清场合格标志,并核对是否在有效期内。否则按清场标准操作规程进行清场,QA人员检查合格后,填写清场合格证,进入本操作。

（3）根据要求使用适宜的生产设备，设备要有"完好"标牌、"已清洁"标牌，并对设备状况进行检查，确认设备正常后方可使用。

（4）清理设备、容器、工具、工作台。

（5）检查整机各部件是否完整、干净，带槽滚筒是否锁紧、对正。

（6）酒精桶内是否有酒精。

（7）检查各开关是否处于正常状态，如调频开关扳向关、速度调节旋钮和调频旋钮处于最低位。

（8）接通电源后，低速检查机器运行是否正常。

2. 操作

（1）操作人员按生产指令领取制丸用物料，核对名称、批号、规格、数量等。

（2）填写"生产状态标志"、"设备状态标志"，挂于指定位置，取下原标志牌，并放于指定位置。

（3）按处方量逐一称取各种物料，用洁净容器盛装并贴标签。

（4）制软材：配制润湿剂或黏合剂，与药粉混合，按工艺规程要求控制混合时间，直至制成符合规定的软材，备用。

（5）制丸：根据工艺规程要求选择并安装出条板与刀轮，按照制丸机标准操作规程操作，进行制丸。

（6）干燥：选用合适的干燥设备，及时对湿丸进行干燥，干燥好的丸子用洁净容器盛装，贴标签，交中转站，记录数量，并填写请验单。

3. 生产结束

（1）关闭设备开关。

（2）对所使用的设备按其清洁标准操作规程进行清洁、维护和保养。

（3）对操作间进行清场，并填写清场记录。请 QA 质监员检查，QA 质监员检查合格后发放清场合格证。

（4）设备和容器上分别挂"已清洁"标志牌，在操作间指定位置挂上"清场合格证"标志牌。

4. 记录　及时如实填写生产操作记录，见表 28-2、表 28-3、表 28-4。

表 28－2　丸剂生产记录

品　名		规　格	
生产批号		重　量	
生产车间		生产日期	
操作项目	记　录	操作人	复核人
1. 检查上次清场记录	已按要求操作,符合规定□		
2. 检查有无与本批产品无关的物料、文件	已按要求操作,符合规定□		
3. 检查衡器是否有效、调节零点	已按要求操作,符合规定□		
4. 检查用具、容器是否干燥洁净	已按要求操作,符合规定□		
5. 按规定领料、称量和投料	已按要求操作,符合规定□		
6. 检查整机各部件是否干净、完整,各部件安装是否正确	已按要求操作,符合规定□		
7. 酒精桶内是否有酒精	已按要求操作,符合规定□		
8. 检查各开关是否处于正常状态,如调频开关扳向关、速度调节旋钮和调频旋钮是否处于最低位	已按要求操作,符合规定□		
9. 通电后,低速检查机器运行是否正常	已按要求操作,符合规定□		
10. 制丸。是否能正常生产	已按要求操作,符合规定□		
11. 操作结束,速度调节旋钮和调频旋钮至最低位,调频开关扳向关,依次关闭制条机、搓丸机、伺服机	已按要求操作,符合规定□		
12. 将需干燥的丸子及时干燥	已按要求操作,符合规定□		
13. 筛分,用物料袋装好,放进洁净周转桶,贴签,交中转站	已按要求操作,符合规定□		
14. 关闭水、电、气	已按要求操作,符合规定□		
备注:			

表28－3 丸剂生产记录

品名			规格		批号			计划产量		

指令：按《丸剂制备岗位操作法》操作：
工艺参数要求：制丸模径：φ   mm；   干燥温度：   ；   干燥时间：

	压差:走廊→称量室　Pa		压差:走廊→混合室　Pa		温度　℃		相对湿度: %		
		称料名称	物料代码	批号		报告书编号	水分/%		配料/kg
称重									
操作记录	制软材	搅拌开始时间		制丸	制丸开始时间		干燥	干燥开机时间	
		搅拌结束时间			制丸结束时间			干燥结束时间	
		调蜜加水量			酒精用量			干燥温度	
		软材重量			湿丸总重量			干丸总重量	
	粉尾量： kg						废弃量： kg		

物料平衡＝$\dfrac{\text{干丸总重量}+\text{尾料量}+\text{废弃量}}{\text{药粉投入量}+\text{浸膏量}+\text{炼蜜量}}×100\%=$

收率＝$\dfrac{\text{干丸总重量}}{\text{药粉投入量}+\text{浸膏量}+\text{炼蜜量}}×100\%=$

操作人： 年　月　日	复核人： 年　月　日

质量检查记录	制软材:混合均匀（　　）	湿丸:圆整度（　　）重量合格（　　）	干丸:水分（　）外观（　）重量差异（　　）

工艺执行情况：　　　　工艺员：　　　年 月 日	质量评价：　QA：　　年 月 日

检查质监员项目符合要求的在该项目(   )打✓,否则打✗。本记录内所有操作记录由操作人填写,所有检查记录由 QA 质监员填写。

表 28 - 4 　制丸岗位清场记录

岗位名称		生产批号	
药品品名		清场日期	年　月　日
清场项目	清场人	检查人	QA 质监员
尾料是否清场	是□　否□	合格□　不合格□	合格□　不合格□
生产废弃物是否清场	是□　否□	合格□　不合格□	合格□　不合格□
厂房是否清洁	是□　否□	合格□　不合格□	合格□　不合格□
设备是否清洁	是□　否□	合格□　不合格□	合格□　不合格□
容器具、工器具是否清洁	是□　否□	合格□　不合格□	合格□　不合格□
中间产品是否按规定放置	是□　否□	合格□　不合格□	合格□　不合格□
工艺文件是否清离	是□　否□	合格□　不合格□	合格□　不合格□
地漏、排水沟是否清洁	是□　否□	合格□　不合格□	合格□　不合格□
本次批生产标志是否清场	是□　否□	合格□　不合格□	合格□　不合格□
清洁工具是否清洁	是□　否□	合格□　不合格□	合格□　不合格□
检查结果	检查合格发放清场合格证,清场合格证黏贴在本记录背面		
验收人签字	清场人:		
	检查人:	检查时间:　　时　　分	
	QA 质监员:	复查时间:　　时　　分	
备注:			

(四) NS-I 型浓缩丸(水丸)制丸机标准操作规程

文件名称:NS-I 型浓缩丸(水丸)制丸机标准操作规程			共　　页
			第　　页
文件编码:	分发部门:	替代:	修订号:
		新订:	执行日期:
起草人: 日　期:	部门审阅: 日　期:	QA 审核: 日　期:	批准人: 日　期:

目的:建立一个使用 NS-I 型浓缩丸(水丸)制丸机标准操作程序。

范围:NS-I 型浓缩丸(水丸)制丸机使用岗位。

责任者:制丸岗位操作者

程序:

1. 检查方箱内油位是否在油镜的 1/2～2/3 的位置。

2. 检查制丸刀是否对正(与刀轴之间不许松动)。

3. 检查自控系统是否灵敏。

4. 检查推料系统是否正确。

5. 检查酒精系统是否正常,并通过酒精喷头将导条轮、导条架、制丸刀喷上少量酒精。

6. 打开电源开关及自控开关。

7. 启动推料电机使其空转 3~5 分钟正常后方可投料。

8. 打开电源开关,启动推料开关,调整推料速度,加入药坨,待推出的药条光滑后启动切丸搓丸开关,调整好切丸速度打开酒精喷头开关。将药条通过自控导轮,经过分条架及导条轮喂入导条架进入制丸刀中便可连续制成药丸。

9. 注意事项

(1) 运行中要均匀向料斗中加料,以保证出条匀速,以免拉长拉断造成丸型不均。

(2) 各条挂条挠度应尽量一致。

(3) 根据药条出速将切丸调整旋钮调到转速略高于出条速度并使药条贴在自控导轮下自动工作。

(4) 酒精量的调整以不粘刀为准,量的大小由阀门调整。操作时酒精严禁泄漏以防引起火灾。

(5) 投料时严禁将异物投入料斗以免损伤推料系统及制丸刀。

(6) 一旦有异物堵塞出条片,不允许用硬棒从下向上捅,以免损伤出条孔的精度而造成出条速度不均。

(7) 清洗时不许划出条孔的表面。

(8) 拆装推进器时必须先关闭电源。

10. 每班工作结束,及时按制丸机清洁规程进行清洗。

(五) 清场操作规程

文件名称:清场操作规程		共　　页	
		第　　页	
文件编码:	分发部门:	替代:	修订号:
		新订:	执行日期:
起草人: 日　期:	部门审阅: 日　期:	QA 审核: 日　期:	批准人: 日　期:

目的:为规范清场操作,避免交叉污染,特制订本操作规程。

范围:本规程适用于生产结束或更换批号时的清场。

责任人:各工序生产操作人员及管理人员对本细则负责。

内容:

1. 清场要求

(1) 地面应无积尘、无积水、无结垢,门窗、室内照明灯管、墙面、开关盒、配电柜外无积尘。

(2) 不得有前次生产的遗留物,不得存放与生产无关的杂物。

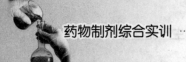

（3）生产设备、容器按有关清洁规程进行清洁、消毒。

（4）生产厂房按有关清洁规程进行清洁、消毒。

2. 清场时间　每一生产工序结束或更换批号时要清场。

3. 清场程序

（1）清理设备上残留药物，可回收部分回收入指定容器，并贴上标签存放于指定地点，不可回收部分装入废物桶。

（2）清理地面洒落药品及其他废弃物装入废物桶，垃圾收集按《废异物处理程序》清出工作室送到指定地点。

（3）整理好各种记录并交车间工艺员。

（4）能移动设备及容器具移至工具清洗间，按各自相关规程进行清洁或清洗，待工作室清洁后将设备移回工作室，容器存放于器具存放间。

（5）不可移动设备按规定程序进行在线清洁。

（6）清洁顺序按清洁规程用饮用水从上到下擦拭吊顶、室内照明、地面、门窗、管道、开关箱外表，最后擦地面。

（7）用消毒液对容器设备及房间进行消毒处理。

（8）更换各种状态标志。

4. 清场验收

（1）清场结束，操作人员及时填写清场记录，并申请验收。

（2）检查员按清场记录要求对工作场所逐项进行检查，检查中发现一项不符合要求的即为清场不合格，操作人员须重新进行清场。

（3）各项检查合格后，检查员填写"清场合格证"，发放给相应岗位，作为下一班次的生产凭证。未领到"清场合格证"的岗位，不得继续进行下一班次的生产。

5. 注意事项

（1）丹皮酚和生药粉混合时要保证混合均匀，以免成品含量不均匀。

（2）软材质量的好坏直接决定着产品质量，软材制备时必须严格执行产品工艺规程。

（3）在 40～60 ℃之间烘干，以免部分成分损失。

知识拓展

关键工序质量控制要点

1. 原料药应在规定的操作间除去外包，原料应按照规定粉碎处理，并按规定过筛。

2. 配料投料的品名、规格、数量应符合规定。

3. 软材制备要充分混合，使药材色泽、润滑度一致。

4. 丹皮酚熔点在 49.5～50.8 ℃，在丸粒干燥时要控制好温度，最好减压干燥。

岗位职责

1. 严格执行《丸剂制备岗位操作规程》、《丸剂生产设备标准操作规程》。

2. 负责丸剂所用设备的安全使用及日常维护，防止发生安全事故。

3. 严格执行生产指令，保证丸剂制备所有物料名称、数量、规格、质量准确无误，丸剂质量达到规定要求。

4. 自觉遵守工艺纪律，保证丸剂制备岗位不发生混药、错药。

5. 认真如实填写生产记录，做到字迹清晰、内容真实、数据完整，不得任意涂改和撕毁，做好交接记录，顺利进入下道工序。

6. 工作结束或更换品种时，应及时做好清洁卫生并按有关 SOP 进行清场工作，认真填写相应记录，做到岗位生产状态标志、设备所处状态标志、清洁状态标志清晰明了。

 思考题

1. 简述中药丸剂常用的黏合剂，各举例说明。

2. 制备六味地黄丸(浓缩丸)时，如何避免丹皮酚的损失？

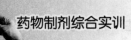

实训考核

【中药丸剂制备技能考核评价标准】

班级：　　　　　姓名：　　　　　学号：　　　　　得分：

测试内容	技能要求	分值	得分
实训准备	着装整洁,卫生习惯好 实验内容、相关知识,正确选择所需的材料及设备,正确洗涤	5	
实训记录	正确、及时记录实验的现象、数据	10	
实训操作	按照实际操作计算处方中的药物用量,正确称量药物 按照实验步骤正确进行实验操作及仪器使用,按时完成	10	
	六味地黄丸(浓缩丸)的制备: 1. 原辅料处理　筛出通过 120 目的生药粉约 5%,备用(围圆、拉光用)	5	
	2. 混合　取丹皮酚 1.6 g 与灭菌后的生药粉以 1∶2 的质量比混匀(即一份质量的丹皮酚与两份质量的生药粉混合,再以上述混合粉为一份与两份质量的生药粉混合,以此类推,直至生药粉混完为止) 3. 软材制备　按照工艺要求,依次加入混合均匀的药粉、浸膏、纯化水适量,混合均匀。将物料转入炼药机进行炼制,直至软材软硬适宜而不黏手	20	
	4. 制丸　将软材置于制丸机上,按照制丸机标准操作规程操作进行丸剂的制备,同时根据六味地黄丸(浓缩丸)中间体质量标准进行过程调节	15	
	5. 撒粉、围圆　湿丸及时撒粉以防黏连,符合规定的丸子置于糖衣锅中围圆(用稀浸膏和通过 120 目的细粉适量) 6. 干燥　围圆之后的湿丸经初次筛选后置于烘箱中 40～60 ℃之间烘干,即得	10	
成品质量	本品为棕褐色的浓缩丸;味微甜、酸、略苦。外观、水分、重量差异、溶散时限均应符合中国药典要求	10	
清场	按要求清洁仪器设备、单元操作间,交接好所用物料、工具及产品	5	
实训报告	实训报告工整、完整、真实、准确,并能针对结果进行分析讨论	10	
合　计		100	

监考教师：　　　　　　　　　考核时间：

（夏成凯）

药物制剂相关理论知识

第一节　概述

一、课程性质及内容

药物制剂综合实训是药学专业综合性应用课程,涉及药剂学理论、药物制剂生产及设备、原辅料及安全生产等多方面内容。本教材联系药物制剂生产和应用的实际,结合高职高专院校药学专业课程标准及实训条件,介绍常用剂型的生产及主要生产设备的结构和使用,力求体现本教材的专业性、实践性和应用性。

本课程是药物制剂专业方向模块课程的实训教材,涵盖药物制剂设备、药物制剂辅料及包装材料、安全生产知识等实训内容,60学时。内容包括药物制剂设备相关理论知识、洁净区仿真实训、制药前处理设备操作、常规口服固体制剂的生产流程与设备操作、注射剂生产流程与设备操作、口服液体制剂生产流程与设备操作、外用制剂生产流程与设备操作、中药制剂生产流程与设备操作7个模块28个药物制剂生产设备操作任务。

二、药物制剂生产中常用术语

任何一种原料药都不能直接应用于防治疾病,必须将原料加工制成适合患者应用的形式,称为药物剂型,简称剂型。如胶囊剂、片剂、颗粒剂、注射剂等。药物制剂生产、质量控制等是在GMP管理下的药剂学理论在药品生产制备过程中的体现和应用。药物制剂相关理论知识对于医药高职高专院校与药学专业学生是必须掌握和熟知的内容。

1. **药品与药物**　药品是指用于预防、治疗、诊断人的疾病,有目的地调节人的生理机能并规定有适应证或者功能主治、用法和用量的物质,包括中药材、中药饮片、中成药、化学原料药及其制剂、抗生素、生化药品、放射性药品、血清疫苗、血液制品和诊断药品等。

药物是供预防、治疗和诊断人的疾病所用物质的统称,一般包括:天然药物、化学合成药物

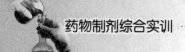

及现代基因工程药物。

2. 原料药与辅料　原料药是指用于生产各种制剂的有效成分和原料药物。辅料是指生产药品和调配处方时所用的附加剂和赋形剂。

3. 制剂与剂型　制剂是指根据《中华人民共和国药典》(以下简称《中国药典》)和其他药品标准等收载的处方,将药物制成一定规格浓度和剂型的成品。剂型是指将药物加工制成的各种适宜形式,例如:片剂、注射剂、胶囊剂、软膏剂等,同一种药物可制成多种剂型,用于多种途径给药。

4. 半成品与成品　半成品是指生产各类制剂过程中的中间品,还需进一步加工的物料。成品是指全部完成制备过程后的最终合格产品。

5. 新药与成药　新药是指未曾在中国境内上市销售的药品。成药是指根据疗效确切和稳定性较大的成分制成适当剂型,冠以通俗名称,标明功效、用法用量,可经医生诊治后处方配给。

6. 剂量、常用量、极量　剂量是指服用药物的数量。常用量是指能产生疗效的常用治疗量。即规定成人一次与一日适宜服用的最低量与最高量。极量是指药品服用后,能产生疗效又无危险的最大剂量。

7. 标示量　标示量是指在药品的标签上所列出的主药含量。

8. 批量与批号　批量是指在规定限度内具有同一性质和质量,并在同一连续生产周期生产出来的一定数量的药品,称为产品的一个批量,简称批。所谓规定限度是指一次投料,同一工艺过程,同一生产容器所制得的产品。批号是用来识别批的一组数字或字母加数字。用以追溯和审查药品的生产历史,是药品质量评价、抽样检查的主要依据。

9. 毒药与剧药　毒药是指药理作用剧烈,极量与致死量非常接近,虽服用量甚微,但一旦超过极量,即可引起死亡的药品。剧药是指药理作用剧烈,极量与致死量比较接近,一旦超过极量,能引起人体伤害,严重时可致患者死亡的药物。

10. 普通药与化学药(化疗药)　普通药是指用药剂量较大,治疗量与中毒量相差悬殊的一般药物。化学药指用化学合成的方法制得的药品。

11. 药品的负责期限　是指由生产单位和销售单位洽谈制订,以明确药品在贮藏、销售期间彼此应负的责任期限。

12. 药品的有效期　是指在一定条件下,能够保持药物有效质量的期限。从到达有效期的次日起即表示药品过期。有效期的表示方法一般如下。

(1)标明有效期:例如"有效期2012年5月"即指该批药品可使用到2012年5月30日止,6月1日起失效。

(2)标明失效期:例如"失效期2012年5月",即指可使用到2012年4月30日止,5月1日起失效。

(3)标明有效期的绝对时间及批号:例如,标明为"有效期两年",批号为20120502,即指可使用到2014年5月1日。

第二节 制药设备

一、制药设备的分类及产品型号

制药设备是实施药物制剂生产操作的关键因素,制药设备的密闭性、先进性、自动化程度的高低直接影响药品质量及 GMP 制度的执行。不同剂型的生产操作,其制药设备大多不同,同一操作单元的设备选择也往往是多类型多规格的。按照不同剂型及其工艺流程掌握各种相应类型的制药设备的工作原理和结构特点,是确保生产优质药品的重要条件。

药品生产企业为进行生产所采用的各种机器设备统属于设备范畴,其中包括制药设备和非制药专用设备,完成制药工艺的生产设备统称为制药机械,可按照 GB/T15692 分为 8 类,包括 30 000 多个品种规格。

1. 原料药机械及设备(L)　实现生物、化学物质转化,利用动物、植物、矿物制取医药原料的工艺设备及机械。包括摇瓶机、发酵罐、搪玻璃设备、结晶机、离心机、分离机、过滤设备、提取设备、蒸发器、回收设备、换热器、干燥器、筛分设备、淀粉设备等。

2. 制剂机械(Z)　将药物制成各种剂型的机械与设备。包括片剂设备、水针(小容量注射)剂设备、粉针剂设备、输液(大容量注射)剂设备、硬胶囊剂设备、软胶囊剂设备、丸剂设备、软膏剂设备、栓剂设备、口服液剂设备、滴眼剂设备、冲剂设备等。

3. 药用粉碎机械(F)　用于药物粉碎(含研磨)并符合药品生产要求的机械。包括万能粉碎机、超微粉碎机、锤式粉碎机、气流粉碎机、齿式粉碎机、超低温粉碎机、粗碎机、组合式粉碎机、针形磨、球磨机等。

4. 饮片机械(Y)　对天然药用动物、植物、矿物进行选、洗、润、切、烘、炒、煅等方法制取中药饮片的机械。包括破碎机、润药机、切药机(往复式切药机,旋转式切药机)、炒药机(滚筒式炒药机,立式炒药机)、筛选机、洗药机、磨刀机及其他设备。

5. 制药用水设备(S)　采用各种方法制取制药用水的设备。包括多效蒸馏水器、压汽式蒸馏水器、反渗透纯水机组、软水机、药用炭过滤器、多介质过滤器、微孔过滤器、灭菌装置等。

6. 药品包装机械(B)　完成药品包装过程以及与包装过程相关的机械与设备。有充填机、灌装机、容器塞封机、封口机、封尾机、轧盖机、装盒机、装箱机、贴标机、喷码机、药用印字机、收缩包装机、自动包装机、真空包装机、铝塑泡罩包装机、裹包机、捆包机、包装材料、数片机、分装机、理瓶机、超声波清洗机、洗瓶机、包装生产线、旋盖机等。

7. 药用检测设备(J)　检测各种药物制品或半成品质量的仪器与设备。包括冻力仪、硬度测定仪、溶出试验仪、崩解仪、脆碎仪、称量仪器、分析仪、金属检测仪、澄明度测试仪、熔点测试仪、灯检机、测漏机、恒温水箱等设备。

8. 其他制药机械及设备(Q)　执行非主要制药工序的有关机械与设备。有洁净工作台,空气过滤器,传递窗、风淋门、防静电、采样车、层流车等洁净设备,制冷设备,送料设备,说明书折

叠机,离心泵,锅炉,风机等。

制药机械产品型号:由主型号和辅助型号依序排列组成,主型号依序包括:制药机械分类名称、产品型式、功能及特征代号。辅助型号依序包括:主要参数、改进设计顺序号。如制剂机械Z又分为以下几类:水针剂机械(A)、西林瓶粉和水针剂机械(K)、大输液剂机械(S)、硬胶囊剂机械(N)、软胶囊剂机械(R)、丸剂机械(W)、软膏剂机械(G)、栓剂机械(U)、口服液剂机械(Y)、药膜剂机械(M)、气雾剂机械(Q)、滴眼剂机械(D)、糖浆剂机械(T)、压片机(P)、包衣机(B)、制粒机(L)、混合机(H)。设备的主要参数通常在铭牌和说明书中予以说明。

二、制药技术及设备的发展

制药设备是制药工业发展的物质基础,随着制药技术的发展,我国制剂设备通过科研开发、技术引进为国内外医药企业提供了大量的优质先进设备。近年来制剂设备新产品不断出现,如高速旋转式压片机、全自动胶囊填充机、全自动洗瓶机、高效电加热全自动灭菌器、全自动冷冻干燥设备、多效蒸馏水机、口服液自动灌装生产线、电子数控螺杆分装机、双铝热封包装机、电磁感应封口机等。一批高效、节能、机电一体化、符合GMP要求的新型设备的问世,为国内医药企业全面实施GMP奠定了坚实的物质基础。

国外制剂设备发展的特点是密闭生产,高效、多功能,提高连续化、自动化水平。例如在固体制剂中混合、制粒、干燥是片剂压片前的主要工序,国外现多开发使用集合混合、制粒、干燥为一体的高效设备,提高生产水平同时也满足了制药工程设计的需要。在片剂包衣工序中,离心式包衣制粒机的在大批量生产中的使用正在逐渐被全封闭自动化的新型包衣、制粒、干燥一体机取代。注射剂设备方面,国外把新型设备的开发与车间洁净要求密切结合起来,如新型的入墙层流式水针灌装设备,机器与无菌室墙壁连接在一起,检修时可在隔壁非无菌区进行,而不影响无菌环境。在粉针设备方面开发出灌装机与无菌室为组合的整体净化层流装置,能保证有效的无菌生产且使用该装置的车间环境无需特殊设计,能实现自动化。

国外制剂生产和包装正在向自动化、连续化发展。例如片剂车间,操作人员只需用气流输送将原辅料加入料斗和管理压片操作,其余可在控制室通过计算机和控制屏完成。

我国的制剂设备发展也在向设备的自控水平、密闭性、连续性、稳定性方向加速努力,尽快达到全面贯彻GMP要求和国际水平。

第三节　药用制剂辅料与包装材料

一、常见药用制剂辅料分类

药用制剂辅料是指生产药品和调配处方时使用的赋形剂和附加剂,是除活性成分以外,在安全性方面已进行了合理的评估,且包含在药物制剂中的物质。药用制剂辅料除了赋形、充当载体、提高稳定性外,还具有增溶、助溶、缓控释等重要功能,是可能会影响到药品的质量、安全性和有效性的重要成分。

药用制剂辅料是指在制剂处方设计时,为解决制剂的成型性、有效性、稳定性、安全性加入处方中除主药以外的一切药用物料的统称。药物制剂处方设计过程实质是依据药物特性与剂型要求,筛选与应用药用制剂辅料的过程。

药用制剂辅料是药物制剂的基础材料和重要组成部分,是保证药物制剂生产和发展的物质基础,在制剂剂型和生产中起着关键的作用。它不仅赋予药物一定剂型而且与提高药物的疗效、降低不良反应有很大的关系,其质量可靠性和多样性是保证剂型和制剂先进性的基础。

辅料在制剂中作用分类有66种,可从来源、作用和用途、给药途径等进行分类。

按作用和用途分(此为常用方法)可分为:溶剂、抛射剂、增溶剂、助溶剂、乳化剂、着色剂、黏合剂、崩解剂、填充剂、润滑剂、润湿剂、渗透压调节剂、稳定剂、助流剂、矫味剂、防腐剂、助悬剂、包衣材料、芳香剂、抗黏合剂、整合剂、渗透促进剂、pH调节剂、缓冲剂、增塑剂、表面活性剂、发泡剂、消泡剂、增稠剂、包合剂、保湿剂、吸收剂、稀释剂、絮凝剂与反絮凝剂、助滤剂、释放阻滞剂等。

按辅料本身的化学结构分,可分为:酸类、碱类、盐类、醇类、酚类、脂类、醚类、单糖类、双糖类、多糖类、纤维素类等。

按来源分,可分为:天然物、半天然物和全合成物。

按给药途径分,可分为:口服、注射、黏膜、经皮或局部给药、经鼻或口腔吸入给药和眼部给药等。

二、常见药品包装材料性能及分类

药品包装材料是指用于制造包装容器、包装装潢、包装印刷、包装运输等满足产品包装要求所使用的材料,它既包括金属、塑料、玻璃、陶瓷、纸、竹本、野生蘑类、天然纤维、化学纤维、复合材料等主要包装材料,又包括涂料、黏合剂、捆扎带、装潢、印刷材料等辅助材料。

(一)药品包装材料的性能

1. 一定的机械性能　包装材料应能有效地保护产品,因此应具有一定的强度、韧性和弹性等,以适应压力、冲击、振动等静力和动力因素的影响。

2. 隔性能　根据对产品包装的不同要求,包装材料应对水分、水蒸气、气体、光线、芳香气、异味、热量等具有一定的阻挡。

3. 良好的安全性能　包装材料本身的毒性要小,以免污染产品和影响人体健康;包装材料应无腐蚀性,并具有防虫、防蛀、防鼠、抑制微生物等性能,以保护产品安全。

4. 合适的加工性能　包装材料应宜于加工,易于制成各种包装容器应易于包装作业的机械化、自动化,以适应大规模工业生产应适于印刷,便于印刷包装标志。

5. 较好的经济性能　包装材料应来源广泛、取材方便、成本低廉,使用后的包装材料和包装容器应易于处理、不污染环境,以免造成公害。

(二)药品包装材料分类

1. 根据包装材料子工艺分类　分为包装袋、包装瓶、包装箱、塑壳包装、集装箱、条板箱、泡沫材料包装标签、包装管子等。

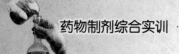

2. 根据实施注册管理的药包材产品分类

(1) 实施Ⅰ类管理的药包材产品

①药用丁基橡胶瓶塞;

②药品包装用 PTP 铝箔;

③药用 PVC 硬片;

④药用塑料复合硬片、复合膜(袋);

⑤塑料输液瓶(袋);

⑥固体、液体药用塑料瓶;

⑦塑料滴眼剂瓶;

⑧软膏管;

⑨气雾剂喷雾阀门;

⑩抗生素瓶铝塑组合盖;

⑪其他接触药品直接使用药包材产品。

(2) 实施Ⅱ类管理的药包材产品

①药用玻璃管;

②玻璃输液瓶;

③玻璃模制抗生素瓶;

④玻璃管制抗生素瓶;

⑤玻璃模制口服液瓶;

⑥玻璃管制口服液瓶;

⑦玻璃(黄料、白料)药瓶;

⑧安瓿;

⑨玻璃滴眼剂瓶;

⑩输液瓶天然胶塞;

⑪抗生素瓶天然胶塞;

⑫气雾剂罐;

⑬瓶盖橡胶垫片(垫圈);

⑭输液瓶涤纶膜;

⑮陶瓷药瓶;

⑯中药丸塑料球壳;

⑰其他接触药品便于清洗、消毒灭菌的药包材产品。

(3) 实施Ⅲ类管理的药包材产品

①抗生素瓶铝(合金铝)盖;

②输液瓶铝(合金铝)、铝塑组合盖;

③口服液瓶铝(合金铝)、铝塑组合盖;

④除实施Ⅱ、Ⅲ类管理以外其他可能直接影响药品质量的药包材产品。

三、药用制剂辅料及包装材料生产质量管理

国家医药管理局颁布的《直接接触药品的包装材料、容器生产质量管理规范》(试行)规定：应建立生产所需的原料、辅料及包装材料的采购、贮存、使用等方面的管理制度；生产所需的原料、辅料及与产品直接接触的包装材料应符合法定标准和药用要求。不需药厂清洗即用的产品的包装材料、容器的清洁度，必须达到规定的标准要求；生产企业应按规定的质量标准购进原料、辅料，并按规定的验收制度填写原料、辅料的账、卡。原料、辅料入库后，应有醒目的"待验"标志，并向质量管理部门申请取样检验，合格后方能投产；待检、合格、不合格原料、辅料的货位要严格分开，按批次存放，并有易于识别的明显标志；不合格或超过有效期的原料、辅料不得使用并由授权人员批准按有关规定及时处理、记录在案；原料、辅料及包装材料应分区存放。对有温度、湿度及特殊要求的原料、辅料、中间产品及成品，应按规定条件贮存，将固体和液体的原料、辅料分开贮存。应防止挥发性物料污染其他物料。易燃、易爆、高化学活性的原料、辅料的贮存、运输应符合有关安全规范；企业应制订原料、辅料的贮存期。贮存期不应超过物料的有效期。期满后复验，特殊情况应及时复验。

2012年国家食品药品监管局发布《加强药用辅料监督管理的有关规定》(以下简称《规定》)。《规定》首先明确了药品制剂生产企业和药用辅料生产企业的职责，强调药品制剂生产企业是药品质量责任人，凡因违法违规使用药用辅料引发的药品质量问题，药品制剂生产企业必须承担主要责任。药品制剂生产企业必须保证购入药用辅料的质量，健全质量管理体系，加强药用辅料供应商审计，对所使用的药用辅料质量严格把关，与主要药用辅料供应商签订质量协议。药用辅料生产企业必须对产品质量负责，严格执行《药用辅料生产质量管理规范》；按注册批准的或与药品制剂生产企业合同约定的质量标准，对每批产品进行全项检验，合格后方可入库、销售。同时，要配合药品制剂生产企业开展供应商审计。《规定》还提出，要建立药用辅料数据库，全面掌握药用辅料生产、使用的动态情况；建立辅料生产企业信用档案，公开对药用辅料生产企业的检查、抽验情况，供药品制剂生产企业选用药用制剂辅料时参考。

第四节　《药品生产质量管理规范》与制药生产

一、《中华人民共和国药典》和药品标准

药典是一个国家记载药品规格、标准的法典。由国家组织的药典委员会编写，并由政府颁布施行，具有法律效力。药典中收载疗效确切、副作用小、质量稳定的药物及其制剂，并规定其质量标准、制备方法和检验方法等，作为药品生产、供应、检验和使用的主要依据。药典在一定程度上反映了一个国家的药品生产、医疗和科学技术的发展水平，为使药典在促进药品生产、保证患者用药安全等方面起到重大作用。

1953年我国颁布了第一部《中华人民共和国药典》，简称《中国药典》。随后相继颁布了1963年版、1977年版、1985年版、1990年版、1995年版、2000年版、2005年版和2010年版。2010年版《中国药典》分为三部出版，一部为中药，二部为化学药，三部为生物制品，各部内容主

要包括凡例、标准正文和附录三部分,收载品种4 600余种,其中新增1 300余种,基本覆盖国家基本药物目录品种和国家医疗保险目录品种。其中附录由制剂通则、通用检测方法、指导原则及索引等内容构成。药典二部收载化学药品、抗生素、生化药品、放射性药品以及药用辅料等。药典三部收载生物制品。新版《中国药典》关注药品安全性,对高风险药品尤为重视,除在附录中加强安全性检查总体要求外,在品种正文标准中也大幅增加或完善安全性检查项目,进一步提高对高风险品种的标准要求,进一步加强对重金属或有害元素、杂质、残留溶剂等的控制,并规定眼用制剂按无菌制剂要求。新版药典的另一个主要特点就是,大幅增加了中药饮片标准的收载数量,初步解决了长期困扰中药饮片产业发展的国家标准较少、地方炮制规范不统一等问题。2010年版《中国药典》是新中国成立60年来组织编制的第九版药典,新版药典在总结历版药典的基础上,充分利用近年来国内外药品标准资源,注重创新与发展,实事求是地反映了我国医药产业和临床用药水平的发展现状,为进一步加强药品监督管理提供了强有力的技术支撑。

药品标准由国家食品药品监督管理局颁布施行,收载品种包括国内新药及放射性药品、麻醉性药品、中药人工合成品、避孕药品等,以及仍需修订、改进或统一标准的药品等。新修订的国家药品标准简称为《局版标准》,是药典的补充部分,同样具有法律效力。

二、GMP与药品生产验证

《药品生产质量管理规范》(GMP)是指用科学合理的规范化条件和方法保证生产优质药品的一整套文件,是行之有效的科学化、系统化的管理制度,是药品生产和管理的基本准则。为保证药品质量,增进药品疗效,国家食品药品监督管理局颁布和实施了一系列药政法规,用以规范药品研制、生产、经营、使用和监督管理。

2010版GMP第七章明确药品生产所需的相关验证:企业应当确定需要进行的确认或验证工作,以证明有关操作的关键要素能够得到有效控制。确认或验证的范围和程度应当经过风险评估来确定;企业的厂房、设施、设备和检验仪器应当经过确认,应当采用经过验证的生产工艺、操作规程和检验方法进行生产、操作和检验,并保持持续的验证状态;应当建立确认与验证的文件和记录,并能以文件和记录证明达到以下预定的目标;采用新的生产处方或生产工艺前,应当验证其常规生产的适用性。生产工艺在使用规定的原辅料和设备条件下,应当能够始终生产出符合预定用途和注册要求的产品;当影响产品质量的主要因素,如原辅料、与药品直接接触的包装材料、生产设备、生产环境(或厂房)、生产工艺、检验方法等发生变更时,应当进行确认或验证。必要时,还应当经药品监督管理部门批准;清洁方法应当经过验证,证实其清洁的效果,以有效防止污染和交叉污染。清洁验证应当综合考虑设备使用情况、所使用的清洁剂和消毒剂、取样方法和位置以及相应的取样回收率、残留物的性质和限度、残留物检验方法的灵敏度等因素。确认和验证不是一次性的行为,首次确认或验证后,应当根据产品质量回顾分析情况进行再确认或再验证。关键的生产工艺和操作规程应当定期进行再验证,确保其能够达到预期结果;企业应当制定验证总计划,以文件形式说明确认与验证工作的关键信息;验证总计划或其他相关文件中应当作出规定,确保厂房、设施、设备、检验仪器、生产工艺、操作规程和检验方法等能够保持持续稳定;应当根据确认或验证的对象制定确认或验证方案,并经审核、批准。确认或验证方案应当明确职责;确认或验证应当按照预先确定和批准的方案实施,并有记录。确认或验证工作完成后,应当写出报告,并经审核、批准。确认或验证的结果和结论(包括评价和建议)应当有记录并存档;应当根据验证的结果确认工艺规程和操作规程。

三、GMP 与制药生产设备

2010 版 GMP 第五章明确制药生产设备的原则、设计和安装、维护和维修、使用和清洁等四小节内容。

1. 制药生产设备的原则　设备的设计、选型、安装、改造和维护必须符合预定用途,应当尽可能降低产生污染、交叉污染、混淆和差错的风险,便于操作、清洁、维护,以及必要时进行的消毒或灭菌;应当建立设备使用、清洁、维护和维修的操作规程,并保存相应的操作记录;应当建立并保存设备采购、安装、确认的文件和记录。

2. 制药生产设备设计和安装要求　生产设备不得对药品质量产生任何不利影响。与药品直接接触的生产设备表面应当平整、光洁、易清洗或消毒、耐腐蚀,不得与药品发生化学反应、吸附药品或向药品中释放物质;应当配备有适当量程和精度的衡器、量具、仪器和仪表;应当选择适当的清洗、清洁设备,并防止这类设备成为污染源;设备所用的润滑剂、冷却剂等不得对药品或容器造成污染,应当尽可能使用食用级或级别相当的润滑剂;生产用模具的采购、验收、保管、维护、发放及报废应当制定相应操作规程,设专人专柜保管,并有相应记录。

3. 制药生产设备维护和维修要求　设备的维护和维修不得影响产品质量;应当制定设备的预防性维护计划和操作规程,设备的维护和维修应当有相应的记录;经改造或重大维修的设备应当进行再确认,符合要求后方可用于生产。

4. 制药生产设备使用和清洁要求　主要生产和检验设备都应当有明确的操作规程;生产设备应当在确认的参数范围内使用;应当按照详细规定的操作规程清洁生产设备;生产设备清洁的操作规程应当规定具体而完整的清洁方法、清洁用设备或工具、清洁剂的名称和配制方法、去除前一批次标志的方法、保护已清洁设备在使用前免受污染的方法、已清洁设备最长的保存时限、使用前检查设备清洁状况的方法,使操作者能以可重现的、有效的方式对各类设备进行清洁;如需拆装设备,还应当规定设备拆装的顺序和方法;如需对设备消毒或灭菌,还应当规定消毒或灭菌的具体方法、消毒剂的名称和配制方法,必要时,还应当规定设备生产结束至清洁前所允许的最长间隔时限;已清洁的生产设备应当在清洁、干燥的条件下存放;用于药品生产或检验的设备和仪器,应当有使用日志,记录内容包括使用、清洁、维护和维修情况以及日期、时间、所生产及检验的药品名称、规格和批号等;生产设备应当有明显的状态标志,标明设备编号和内容物(如名称、规格、批号);没有内容物的应当标明清洁状态;不合格的设备如有可能应当搬出生产和质量控制区,未搬出前,应当有醒目的状态标志;主要固定管道应当标明内容物名称和流向。

(徐　蓉)

主要参考文献

[1] 王行刚. 药物制剂设备与操作. 北京:化学工业出版社,2010

[2] 杨瑞虹. 药物制剂技术与设备. 北京:化学工业出版社,2010

[3] 徐文强. 工业制剂学. 北京:科学出版社,2004

[4] 张劲. 药物制剂技术. 北京:化学工业出版社,2007

[5] 刘一. 药物制剂知识与技能教程. 北京:化学工业出版社,2006

[6] 谢淑俊. 药物制剂技术与设备. 北京:化学工业出版社,2009

[7] 邓材彬,王泽. 药物制剂设备. 北京:人民卫生出版社,2009

[8] 张洪斌. 药物制剂工程技术与设备. 北京:化学工业出版社,2010

[9] 张健泓. 药物制剂技术实训教程. 北京:化学工业出版社,2011

[10] 闫丽霞. 药物制剂技术. 武汉:华中科技大学出版社,2012

[11] 刘精婵. 中药制药设备. 北京:人民卫生出版社,2009

[12]《中华人民共和国药典》2010 版一部